一个人也要认真吃的三明治

〔韩〕池银暻◎著　〔韩〕尹景美◎摄　卢　珍◎译

北京科学技术出版社

为大家奉上三明治的制作秘籍

时间过得真快，离去年6月出版《一个人也要认真吃的沙拉》已有将近一年的时间。在过去的一年里，承蒙广大读者的大力支持，《一个人也要认真吃的沙拉》成为畅销书，我也因此感到无比幸福。沙拉向来广受人们的喜爱，因而《一个人也要认真吃的沙拉》的版权成功出口到了中国。再次感谢喜爱这本书的广大读者朋友。

这一年，我每天都忙得不可开交。除了研究烹饪以外，我还为咖啡厅（或西餐厅）开发新菜谱。如今的咖啡厅已不再是单纯喝咖啡的场所，人们非常喜欢边喝咖啡边享受早午餐或一顿简餐，所以三明治、沙拉、早午餐等配方的开发便成了当务之急。除此之外，我还为各种形式的派对设计菜谱并为各种酒宴提供相关的服务。工作中，三明治成了我的主攻对象之一。

有一次，一家意大利时装公司的董事长和几位员工到韩国分公司出差，由我负责筹备酒宴。我为十多名意大利人准备了两款意式三明治和一款沙拉，即用夏巴塔制作的卡普列赛三明治（第58页）、用佛卡夏制作的烤茄子三明治（第68页）以及芝麻菜松仁沙拉。虽然对我而言这几样都非常拿手，但它们毕竟是作为

韩国人的我为意大利人制作的意大利食品，所以我不免有些紧张。想想看，如果意大利人给我做了一碗大酱汤，我会做出怎样的评价呢？还好，那些意大利客人对我的作品非常满意。

当时我就决定，一定要出一本三明治食谱。三明治和沙拉一样是我非常熟悉的美食，我吃过很多款三明治，做过很多款三明治，也让很多人尝过我做的三明治。近来出现了很多三明治咖啡厅或三明治专卖店，可见三明治的人气之高，这也为我创作本书提供了一个很好的契机。如果大家学会了三明治的制作方法，就可以在家自己动手制作三明治，这无形中会为你减少不少的开支。

本书介绍的三明治如今都非常流行，而且非常适合在家里制作。我们可以利用大型超市或百货店销售的肉制品、奶酪、芳香植物、调料、调味汁等制作各种三明治。考虑到很多食材不容易买到，书里还详细介绍了替代食材。

在这个微风拂面的季节，希望你能用自己制作的三明治装点餐桌，或者在和煦的春光里，带上亲手制作的美食到郊外和朋友分享。

烹饪研究专家 **池银暻**

2013年春

Bain moussant
à la
Vanille
La Baignoire

目录

basic guide

制作可口、精致三明治的基本功

chapter 1

简单又好吃的基础三明治

chapter 2

凉着也好吃的冷三明治

chapter 3

趁热才好吃的焗烤三明治

chapter 4

适合家庭派对的开放式三明治

+Recipe

高热量超解馋炮弹三明治

basic guide

制作可口、精致三明治的基本功

要想在家自己动手制作一款诱人的三明治，该用什么样的面包呢？该抹什么酱料呢？该放什么馅料呢？它们之间又该如何搭配呢？如果这些问题一直困扰着你，那就和我一起去探寻它们的答案吧！

下面我会依次为你介绍制作三明治的面包、肉类、奶酪、蔬菜、调料和抹酱以及它们的搭配方法。但这些还远远不够。要想做出一款诱人的三明治，你还要学会它的切分和包装方法。如何包装才不会掉出馅料？如何利用吃剩的三明治？书中都有介绍，你一定不要错过呦。

阅读指南

本书介绍了近70款适合不同场合食用的三明治。配方中的大多数食材很容易买到，较难买到的食材我会介绍它们的替代品，这样你可以根据同一个配方做出传统与家常两种口味的美食。

❶ 餐品简介

简单介绍每款美食的基本信息，包括名称由来、味道、营养信息、相应的配菜以及作者的经验之谈，建议大家在制作前阅读一下。

❷ 制作时间及分量

标明制作时间和分量。普通三明治以“个”为单位，开放式三明治以“人份”为单位。要想增加分量，按比例增加食材的用量即可，制作时还需注意火候的控制。

❸ 食材用量及替代食材

本书尽可能使用方便购买的肉制品、奶酪、酱汁等食材。对于一些不容易买到的食材，会介绍相应的替代食材，因此你可以根据一个配方做出传统和家常两种口味的美食。每种食材的重量与手测分量都会明确标出，非常简单明了。

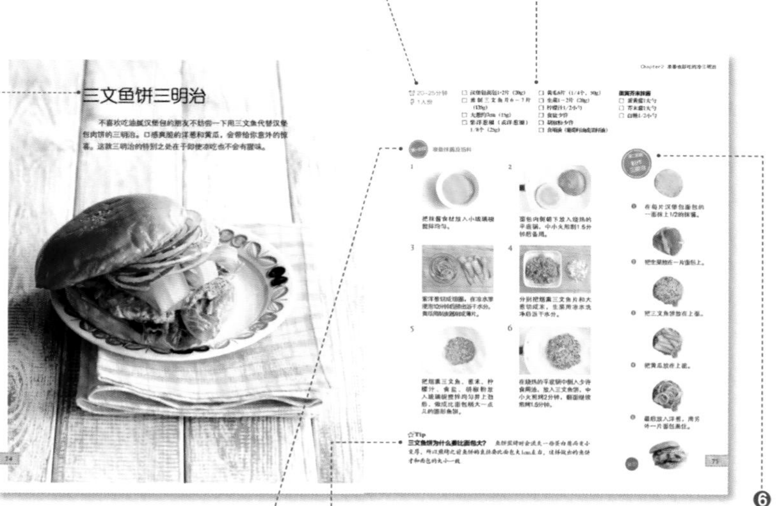

❻ 第二阶段

三明治配方中详细介绍制作方法。

❹ 第一阶段

为了提高效率，制作过程分为两个阶段。第一阶段介绍抹酱与馅料的制作方法。

❺ 小贴士

说明制作过程中的难点，介绍鲜见食材和可替代食材以提高食材利用率。

本书介绍的三明治

三明治的分类方法很多，本书将其分为将馅料夹在两片面包之间的封闭式三明治以及将馅料放在一片面包上的开放式三明治。封闭式三明治又分为可以直接食用的冷三明治和需要加热食用的焗烤三明治。下面我们一起来看看它们各自的特点。

1.冷三明治

凉着吃也非常好吃的冷三明治适合在郊游时或工作间隙食用，它的特点是即使做好后放置一段时间也不会影响口感和味道。制作这种三明治时，最好使用水分不多的火腿、奶酪和较硬的蔬菜作为馅料。如果使用肉类（包括海鲜）做馅料，我们需要把味道调得重一点儿以保证冷食的口感。抹酱应该使用多油的蛋黄酱和黄油等，这样可以防止馅料里的水分进入面包而使之变软。

2.焗烤三明治

这是非常适合做早午餐或正餐的三明治，食用前需要加热。这种三明治做好后要像制作法式吐司那样放在平底煎锅中煎烤。你可以做好后直接煎烤食用，也可提前做好，食用的时候再煎烤。用纸把三明治包起来煎烤可以避免在加热的过程中面包煳掉或馅料流出来。

☆**Tip** 我们把夹入奶酪再煎烤的三明治称为帕尼尼，你也可以将1人份的法棍侧切后放入馅料进行煎烤。

3.开放式三明治

把馅料放在一片面包上制作而成的三明治叫作开放式三明治。这种三明治看起来很像一道菜，非常适合招待客人或当作加餐。喝啤酒或葡萄酒时还可以把它当作下酒菜或前菜。

☆**Tip** 我们把一口大小的开胃菜称为开那批，它以面包片或饼干为底托，上面放有少量馅料。

☆**Tip** 有一种意大利风味的开放式三明治叫作普切塔，它的做法是在切好的面包片上放蒜蓉和黄油，烤酥后把馅料放在上面。

三明治制作要领

❶ 柔软的馅料搭配柔软的面包，筋道的馅料搭配筋道的面包。

选择三明治面包的时候要综合考虑馅料的味道、质感和水分等因素。若使用鸡肉、牛肉等筋道耐嚼的食材做馅料，应该搭配夏巴塔或法棍。如果馅料是柔软的泥状食材，那么应该搭配吐司或软质面包。这是因为我们吃三明治的时候最好能够同时嚼烂馅料和面包。如果馅料是鸡蛋，面包是法棍，就会造成鸡蛋已经咽下去了而坚韧的法棍还没有嚼烂的情况，这样三明治的口感自然就变差了。

❷ 面包最好先烤一下，这样吃起来更香，而且不容易潮湿。

即使是做冷三明治，也最好把面包烤一下再用。虽然不同种类的三明治口感不同，但多数情况下将面包烤一下会使其口感更佳。尤其是白吐司，烤一下后香味可迅速变浓郁。在烤的过程中面包会流失一些水分，这样即使馅料含水分较多，做好的三明治也不会潮乎乎的。

❸ 根据面包的质感选择抹酱，并将其均匀地涂抹在面包上。

抹酱不仅能够提味儿，而且能防止面包潮湿。尤其是在面包上涂抹油脂含量较高的抹酱，会使表面形成一层薄膜，有效防止水分进入面包。所以又薄又软的面包最好使用黄油、蛋黄酱和奶酪等油脂含量较高的抹酱。相反，如果使用咀嚼时间相对较长的法棍或硬质面包，则应该使用富含水分的抹酱，如番茄沙司或意大利罗勒青酱等，这样可以使面包变柔软。

❹ 使用不同的抹酱能让三明治的味道更加丰富。

即使是相同的三明治，使用不同的抹酱，味道也会产生很大的变化。说起三明治抹酱，很多人都会想到蛋黄酱或黄油，其实我们有很多种抹酱可供选择，如用蛋黄酱、奶酪、番茄沙司、意大利罗勒青酱等制作的特色抹酱以及果酱和酸辣酱等。使用不同口味的抹酱可以让三明治的味道更加丰富。

抹酱的简介参见第18页。

❺ 水分较多的馅料应该尽可能地减少水分再使用。

新鲜的叶菜需提前用凉水浸泡，浸泡后用蔬菜脱水器沥干或用厨房纸巾吸干水分再使用，这样可以使口感更加爽脆。生洋葱要切成细丝并在凉水里浸泡10分钟，然后捞出沥干再使用。这样不仅可以减轻洋葱的辣味，还能减少其中的水分，使其更加适合制作三明治。使用熟洋葱时，可以放入少量食盐和胡椒粉炒至褐色，这样不仅能减少水分，还能使其更有滋味。番茄也是制作三明治时经常使用的食材，但它水分较多，非常容易使面包潮湿，因此我们需要先把番茄切成厚0.8cm的片，放在厨房纸巾上，然后撒上盐，这样不仅能有效减少番茄中的水分，还能使它的味道更加浓郁。

❻ 熟食要放凉后使用。

用熟肉等熟食制作三明治馅料时，要放凉再使用，否则残余的热量会使三明治中的蔬菜发蔫，失去爽脆的口感。

❼ 做焗烤三明治时，最好使用常温的面包和馅料。

用平底煎锅煎烤三明治时，如果使用冷藏过的面包和奶酪，就会出现面包都快煳了，可奶酪还没完全熔化的情况。所以冷藏过的面包和馅料要提前取出，恢复常温再使用。只有这样，三明治的口感才能达到最佳状态。

❽ 如果制作焗烤三明治时没有帕尼尼煎板，可以用宽铲或小平底锅代替。

帕尼尼专卖店制作焗烤三明治时一般都会使用帕尼尼煎板。帕尼尼煎板是一种带手柄且平板上有沟槽的厨具，本书中介绍的焗烤三明治大都需要用它来制作。制作时把三明治放入平底煎锅，然后把加热过的帕尼尼煎板放在三明治上。因为煎板本身有一定的重量，所以把煎板放在三明治上有助于热量传导，使奶酪熔化得恰到好处。如果家里没有这种工具，那么煎烤的时候可以用宽宽的铲子轻轻按压三明治，待一面焦黄后翻面煎烤，这样可以使三明治里的馅料充分吸收热量。你也可以把小平底锅里外都擦干净，热锅后把三明治放入平底煎锅，然后把小平底锅的锅底压在三明治上，烤完一面后将三明治翻面继续煎烤（第29页）。

★帕尼尼煎板和平底煎锅可以在专卖店或网店购买。

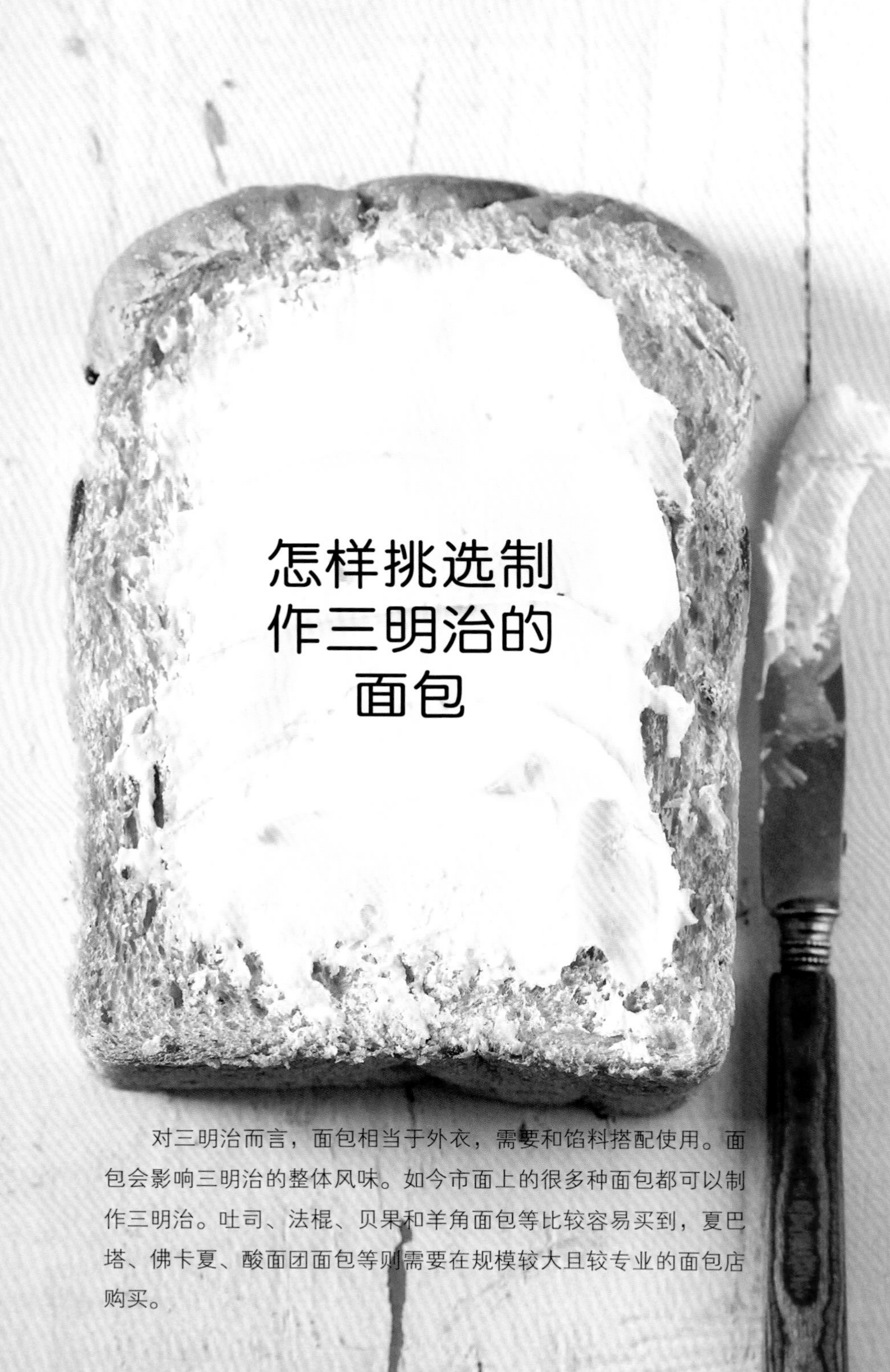

怎样挑选制作三明治的面包

对三明治而言，面包相当于外衣，需要和馅料搭配使用。面包会影响三明治的整体风味。如今市面上的很多种面包都可以制作三明治。吐司、法棍、贝果和羊角面包等比较容易买到，夏巴塔、佛卡夏、酸面团面包等则需要在规模较大且较专业的面包店购买。

吐司面包（Loaf bread）

吐司面包是最常见和最容易买到的面包。它是用方形模具烘烤出来的，形状规整，口感柔和。现在市面上有多种吐司面包可供选择，如白吐司面包、黑麦吐司面包、芝麻吐司面包、南瓜吐司面包等。

黑麦面包与谷物面包（Rye bread & Seeded bread）

这类面包除了使用面粉以外，还加入了黑麦面粉和谷物颗粒，根据个人口味还可加入坚果或水果干等食材。黑麦面粉的营养价值比普通面粉高，因此给孩子们做三明治时最好使用黑麦面包。这种面包的缺点就是味道较浓，不能完美地衬托馅料的味道。

法棍（Baguette）

这种面包几乎成了法国的象征，它形状细长，表面坚硬光滑，里面吃起来筋道有嚼劲儿。典型的法棍一般长65 cm，直径5~6 cm。用上好原料烘焙的法棍切好后抹上黄油，吃起来香味非常浓郁。这种面包非常适合制作含肉类馅料的三明治。

佛卡夏（Focaccia）

这是一种方形的意大利面包。制作佛卡夏的面饼与制作比萨饼的面饼质地类似，烘烤前要用手指在面饼上按出多个凹槽，然后放入芳香植物、洋葱、食盐、橄榄油等食材，这样制作出来的佛卡夏比较湿润。这种面包适合蘸橄榄油或巴萨米克香醋食用，非常适合制作三明治。

夏巴塔（Ciabatta）

“夏巴塔”在意大利语中是“拖鞋”的意思。制作夏巴塔时要把面饼拉长、拉宽后再烘烤。市面上有原味夏巴塔以及加橄榄油或黑麦的多种夏巴塔可供选择。这种面包非常适合制作冷三明治，也可以放入奶酪制作焗烤三明治。

英式麦芬（English muffin）

这种形状扁圆的英式面包经常出现在早晨的餐桌上，一般从中间水平切开，烤热后夹黄油食用，也可夹煎鸡蛋、火腿、奶酪等食材做成三明治食用。

酸面团面包（Sour dough bread）

这种面包是旧金山的象征，用黑麦天然酵种发酵而成，带有酸味，口感筋道。

贝果（Bagel）

贝果是一种圆环形面包。制作时需要把面团揉成圆环形，用热水烫煮后烘焙，口感密实筋道。除了用面粉制作的原味贝果外，还有加入了芳香植物、洋葱和大蒜的贝果。这种面包非常适合制作奶油奶酪三明治。

羊角面包（Croissant）

制作羊角面包，和面时需要在面团里加入黄油，这样烘焙出的羊角面包层次丰富且带有黄油的香味。原味羊角面包除黄油外不添加任何配料。当然，也有加入了巧克力、水果、奶酪、火腿等配料的羊角面包。

面包卷（Bread roll）

面包卷是小拳头状的面包，一般搭配蒸菜食用。面包卷分为两种，一种像汉堡包面包胚一样非常柔软，另一种像法棍一样非常坚硬。这两种面包卷都适合制作三明治。用柔软的面包卷制作的三明治更适合小朋友们食用。

汉堡包面包胚（Burger burn）

汉堡包面包胚主要用于制作汉堡包，是一种柔软的圆形面包。除放入牛肉饼制作传统的汉堡包外，这种面包还可以用来制作各种三明治。

墨西哥薄饼（Tortilla）

用面粉制成的墨西哥薄饼是墨西哥人非常喜欢的食品，经常用来制作墨西哥夹饼、墨西哥肉卷、墨西哥玉米煎饼等。在薄饼中放入自己喜欢的食材，卷成三明治也是不错的选择。冷藏或冷冻过的薄饼最好用预热好的平底锅煎热后食用，这样才不会有生面的味道。

使三明治肉香四溢的肉制品

制作三明治最常用的火腿和香肠都是熟肉制品，而通过风干等方式制作的意大利香肠、帕尔玛火腿、西班牙火腿等则是生肉制品。这些肉制品的咸淡、香味、口感各有不同，可以根据情况搭配使用。

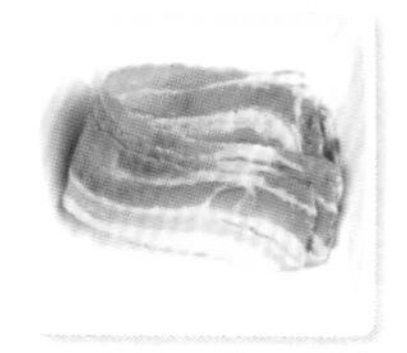

培根（Bacon）

培根由猪五花肉腌熏而成，不可生吃。培根不仅可以制作三明治，还可以用来炒菜，甚至可以搭配意大利面和米饭食用。

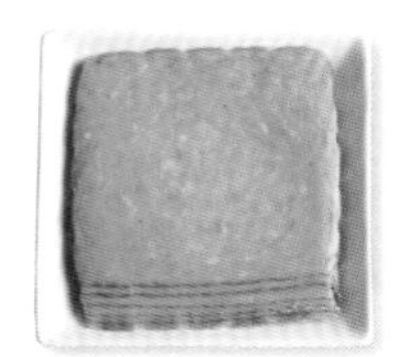

切片火腿（Sliced ham）

切片火腿是专门用来制作三明治的肉制品，可用牛肉、猪肉、鸡肉、火鸟肉等制作。切片火腿是腌熏肉制品，可以直接食用，但天热时最好加热后食用。

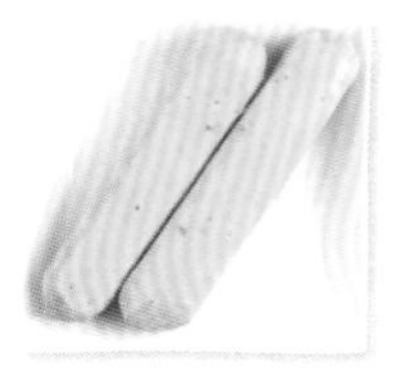

香肠（Sausage）

香肠是把肉绞碎后加工而成的细长形肉制品，根据肉和香辛料的种类分为多种口味。有些香肠需要加热后食用，有些则可直接食用。制作三明治时要根据需要挑选合适的香肠。

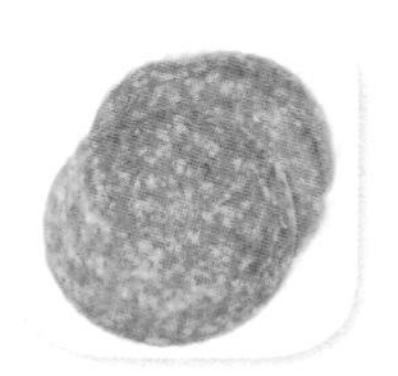

意大利香肠（Salami）

意大利香肠是把猪肉或牛肉等绞碎后加入大蒜及其他调料制成的重口味风干香肠，有一种非常特别的香气，可以在大型超市或网店购买。

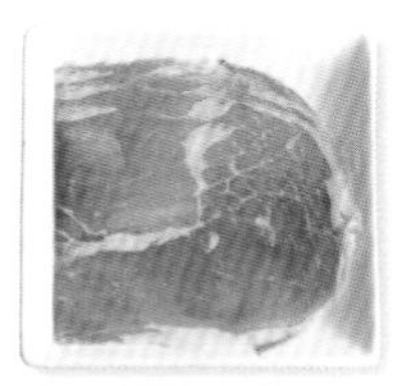

帕尔玛火腿（Prosciutto）

帕尔玛火腿是把猪腿肉用食盐腌好后风干制成的意大利传统火腿，分为生、熟两种。本书中使用的帕尔马火腿均为生火腿，这种火腿从生产到出厂通常需要1～2年时间，可以在大型超市或网店购买。

西班牙火腿（Jamon）

这种西班牙传统火腿是把猪腿肉用食盐腌好后风干制成的生火腿。顶级的西班牙火腿（伊比利火腿）是用喂食橡子的猪制作的。西班牙火腿有整条销售的，也有切片后密封销售的，可以在大型超市或网店购买。

使三明治回味无穷的奶酪

比萨奶酪碎
（Shred pizza cheese）

比萨奶酪碎是由马苏里拉奶酪打碎制成的，常用于比萨等焗烤类食物。这种奶酪适合冷冻保存，保质期较长，需要加热熔化后食用。

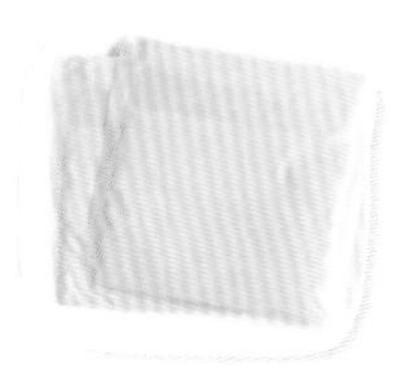

切德干酪（Cheddar）

切德干酪的原产地是英国一个叫作切德的村庄。黄色的切德干酪经常用于制作三明治或开那批。因为易于熔化，它特别适合制作焗烤三明治或意大利奶酪通心粉等。如购买整块切德干酪，使用时需要自己动手切开，当然你也可以购买切片包装的切德干酪直接使用。

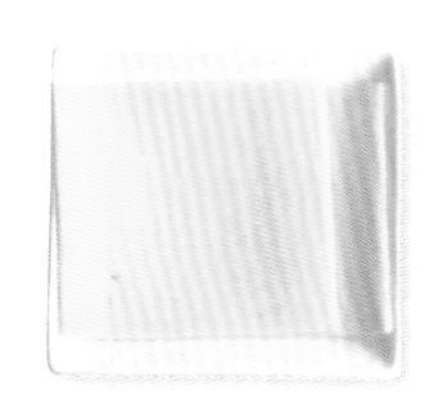

豪达干酪（Gouda）

荷兰豪达小镇制作的奶酪被称为豪达干酪，它是发酵成熟的硬质奶酪，呈圆形。根据成熟时间及制作方法，豪达干酪的外表皮呈金黄色或黄色，口感也有柔和与厚重之分。如购买整块豪达干酪，使用时需要自己动手切开，当然你也可以购买切片包装的豪达干酪直接使用。

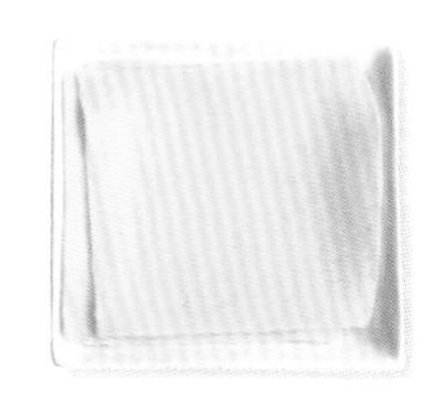

埃丹干酪（Edam）

荷兰埃丹市制作的奶酪被称为埃丹奶酪，这种奶酪的表面用黄色或红色的蜡包封。成熟时间短的埃丹奶酪口感柔和，非常适合制作三明治和开那批。如购买整块埃丹干酪，使用时需要自己动手切开，当然你也可以购买切片包装的埃丹干酪直接使用。

山羊乳干酪
（Goat cheese）

这是一种用山羊乳制作而成的奶酪，脂肪含量在45%以上。它可用纯山羊乳制作，也可用山羊乳与牛乳混合制作。这种干酪具有特别的奶酪香与酸味。可以直接吃，也可以放在面包上烤着吃。

奶油奶酪
（Cream cheese）

奶油奶酪的口感和质感均非常柔和，适合抹在面包或薄脆饼干上食用。奶油奶酪有原味、草莓味、菠萝味等口味。除了用于制作三明治以外，它还可以制作开那批、奶酪蛋糕等甜点。

布里奶酪（Brie）

这是一种口感细腻柔和的圆形法国奶酪，脂肪含量高达45%。奶酪表面有一层可食用的薄膜。市面上有圆形的整块布里奶酪和切成小块的可供选择。布里奶酪可以直接吃，加热后食用也非常味美。

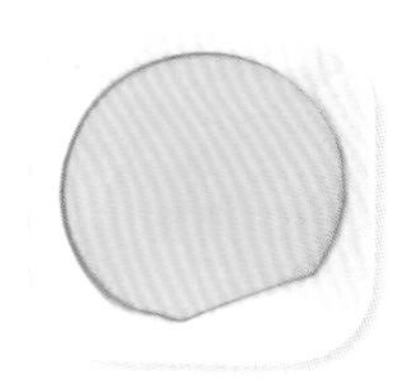

烟熏奶酪
（Smoked cheese）

经过烟熏的奶酪被称为烟熏奶酪。格律耶尔干酪、豪达干酪、波罗夫洛干酪、切德干酪等均属于烟熏奶酪。有时你会碰到价格低廉的烟熏奶酪，这些奶酪大多没有经过烟熏，而是用熏香添加剂与色素制成，要谨慎购买。市面上有便于制作三明治的切片烟熏奶酪和加工成直径5~6 cm的圆柱形烟熏奶酪可供选择。

奶酪具有特殊的香味，可以使三明治的味道更加丰富。制作三明治时多使用切片奶酪，过去市面上销售的奶酪多为奶酪香味非常浓郁的切德切片干酪，而如今马苏里拉、豪达、卡芒贝等奶酪都有切片包装销售。大型超市的乳制品区有多种口味的奶酪，有机会不妨多品尝几种。如果不方便购买整块奶酪，我们可以用普通的切片奶酪代替。

里科塔奶酪（Ricotta）

这是一种没有表皮、口感柔和的奶酪，非常适合抹在面包或饼干上制作开那批，或者放入意大利面、沙拉、意大利马铃薯丸子中食用。里科塔奶酪口感柔和，非常适合搭配甜味食材，人们常把它放入水果中食用。里科塔奶酪需要冷藏保存，保质期相对较短，开封后要尽快食用。

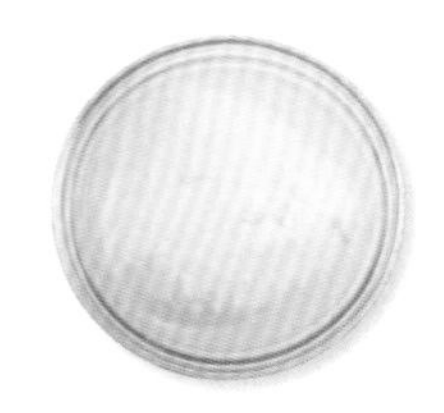

马苏里拉鲜奶酪（Fresh mozzarella）

马苏里拉鲜奶酪是用水牛乳或牛乳制成的生奶酪，一般制成球形，放在盐水里保存和销售。这种奶酪的脂肪含量为40%~45%，水分含量相对较高，因此保质期较短，必须冷藏保存。马苏里拉鲜奶酪可以直接吃，也可以加热后食用，其口感非常柔和，广受人们喜爱。

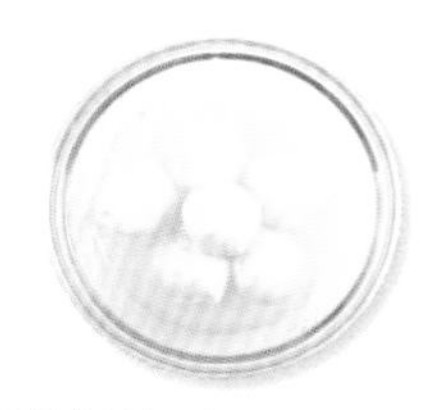

博康奇尼奶酪（Bococcini）

博康奇尼奶酪就是迷你版的马苏里拉鲜奶酪，只有鹌鹑蛋大小，可放进沙拉中用叉子叉着吃。它也非常适合与开那批搭配食用。这种奶酪水分含量较高，因此保质期较短，必须冷藏保存。

布拉塔奶酪（Burrata）

这是一种源自意大利南部的生奶酪，由马苏里拉鲜奶酪及奶油制成。它的表面是马苏里拉奶酪，里面是马苏里拉奶酪及奶油的混合物。它虽然外观酷似马苏里拉鲜奶酪，但切开后质地如黄油般柔和。它一般泡在盐水里出售，保质期较短。

格律耶尔干酪（Gruyere）

这是一种产自瑞士阿尔卑斯地区的硬质奶酪，呈黄色，脂肪含量为45%。它的成熟期一般在6个月左右，而有些品种的成熟期更长。格律耶尔干酪一般用于制作奶酪火锅、蛋奶酥、咬先生三明治和焗烤类食物。

帕尔玛干酪（Parmigiano Reggiano）

这是是一种硬质意大利传统奶酪，一般磨成碎屑使用。这种奶酪风味独特，在意大利菜肴中应用广泛。澳大利亚和美国产的帕尔玛干酪粉虽然味道和质地与传统的帕尔玛干酪有所不同，但可以代替帕尔玛干酪使用。

蓝纹奶酪（Blue cheese）

这是一种通过绿霉菌繁殖而发酵成熟的奶酪，内部会出现大理石纹样。它一般呈青色或青黑色，组织脆弱易碎。蓝纹奶酪气味刺鼻、风味独特。戈尔根朱勒干酪、斯提尔顿奶酪、罗克福尔干酪等都是具有代表性的蓝纹奶酪。

戈尔根朱勒干酪（Gorgonzola）

戈尔根朱勒干酪是蓝纹奶酪的一种，具有强烈的奶酪香与浓郁的风味。它适合与核桃、意大利面、菠菜、芝麻菜、蜂蜜等搭配食用，也可搭配甜味的波尔图葡萄酒食用。

常用于制作三明治的蔬菜与芳香植物

圆生菜（Iceberg lettuce）

爽脆可口的圆生菜是最常用的三明治食材。购买时要挑选嫩绿色、有光泽、比较沉的。圆生菜可以冷藏保存20天，冷藏时最好用保鲜膜或塑料袋包起来，以免变干。

生菜（lettuce）

生菜口感爽脆，苦味较淡，带有淡淡的甜味，常用于制作凯撒沙拉和三明治。购买时要尽量挑选菜叶有光泽的。

苦苣（Chicory）

苦苣略带苦味，可以开胃，尤其适合搭配有腥味的海鲜或油腻的食材食用。购买时要挑选叶子宽大嫩绿、茎长且新鲜的苦苣。保存时最好用保鲜膜或食品袋包好后放入冰箱的冷藏室。

芝麻菜（Rucola）

芝麻菜带点儿苦味，且有特殊的芳香，主要用于制作意大利菜肴，在其他国家的菜肴里也广泛使用。芝麻菜可以在大型超市或农贸市场买到，买不到的话可以用菠菜或嫩叶菜代替。

紫甘蓝（Red cabbage）

紫甘蓝口感爽脆，富含膳食纤维，容易使人产生腹饱感，还能促进肠蠕动，预防便秘。购买时要挑圆形、顶部不尖的。紫甘蓝的根茎部很容易腐烂，所以买回来后要先把根茎部挖掉，再把浸湿的厨房纸巾塞在里面，这样可以延长保存时间。

菠菜（Spinach）

做三明治时，最好选用茎短且根部呈红色的菠菜，这种菠菜比较香甜。烹调温度越高、时间越长，菠菜中的维生素C就流失得越多，因此最好缩短烹调时间。没用完的菠菜可以用报纸包起来放入冰箱的蔬菜盒。

芥菜（Mustard green）

用于制作三明治的芥菜是还没有长出芥菜籽时的芥菜叶，其特点是叶子边缘非常皱，有辣味和独特的芳香。绿色的芥菜叫绿叶芥菜，红色的芥菜叫红叶芥菜。芥菜可以有效去除腥味，适合与肉类和鱼类搭配食用。

红生菜（Rolarosa）

红生菜是一种色泽鲜艳的生菜，叶子边缘非常皱，适合制作沙拉、凉菜或包肉食用。红生菜与普通生菜一样柔软，但口感更加爽脆，所以更适合制作三明治。

制作三明治时放入蔬菜可以提升三明治的爽脆感并使其水分充足，从而更加好吃。

本书中的三明治主要使用生菜和圆生菜等爽口的蔬菜，在家里制作三明治时也可以用其他绿叶蔬菜进行制作。你还可以到大型超市购买香气怡人的芳香植物加入三明治中，这样可以使你制作的三明治更加特别。如果不放芳香植物，三明治的味道可能不太正宗，但不会影响口感。

四季豆（Green bean）

制作三明治的四季豆要选择鲜嫩的，因为它们质地柔软，香气怡人。食用前需要撕掉两侧的筋，以免较粗的纤维影响口感。制作前将四季豆炒一下或焯一下水，会使其更加爽脆。

罗勒（Basil）

罗勒具有甘苦相间的味道和独特的香味，盛产于夏季，最适合与番茄搭配食用。一般在大型超市可以买到。如果你购买的是盆栽的罗勒，使用时剪下即可。

苹果薄荷（Apple mint）

苹果薄荷香气怡人，常用来装饰甜点，还可以用来制作苹果薄荷味软糖、古斯古斯粉、三明治和沙拉等。除此之外，它还可以用于调制莫吉托等鸡尾酒。苹果薄荷具有促进消化和安神的作用，可以用来泡茶。可在大型超市或百货店购买。

西洋菜（Watercress）

西洋菜又叫水田芥或豆瓣条，生长在流水里，是一种辣味蔬菜，适合与肉类搭配食用。可以在大型超市或百货店购买。如果不方便购买，可用嫩叶菜代替。

莳萝（Dill）

莳萝的叶子具有特殊的香气，常用于制作各种菜肴。它的种子则用于制作肉类或鱼类菜肴。莳萝与海鲜、鸡蛋以及柔软的蔬菜非常相配，有时候也可放入腌菜中提味。可以在大型超市、百货店或农贸市场购买。

香菜（Cilantro）

香菜是一种具有独特香气的芳香植物，又称为芫荽，主要用于东南亚和墨西哥菜肴。它搭配鱼类菜肴可以有效去除腥味，捣碎后放于三明治中可起到开胃和促进消化的作用。可以在大型超市、百货店或农贸市场购买。

欧芹与意大利欧芹（Parsley & Italian parsley）

欧芹是西餐中用途最广的芳香植物，叶子皱皱的。意大利欧芹的叶子是扁平的，香味相对更浓郁，又叫平叶欧芹。可以在大型超市购买。

百里香（Thyme）

百里香是一种常与肉类、海鲜、汤类搭配食用的芳香植物。新鲜叶子和干燥的叶子均可食用。虽然新鲜叶子的香味更加浓郁，但不易保存，所以用干燥的叶子更方便。百里香即使干燥了，其香味也比大多数芳香植物浓郁。可以在大型超市或百货店购买。

本书中出现的鲜见食材

A1酱（A1 sauce）

A1酱是非常著名的牛排调味酱，制作牛排、蒸菜、炖菜等时经常使用。它是美国非常常见的调味酱，我们可以在大型超市或百货店的进口商品区购买。

巴萨米克香醋与巴萨米克调味汁（Balsamic vinegar & Glaze）

巴萨米克香醋是用葡萄酿制的，颜色发黑、质感浓稠，还带有一种特别的甜味。发酵时间越长，它的味道就越醇厚。巴萨米克调味汁是在巴萨米克香醋里加入白糖或蜂蜜熬制而成的酸甜口味的调味汁，常用于制作牛排调味汁或沙拉酱，用途十分广泛。

辣椒碎（Crushed pepper）

它用印度辣椒制成，主要用于制作辣味调味酱或沙拉酱。买不到的话可以用粗辣椒粉代替，但味道会略有差异。

辣椒面（Chili powder）

它是以干辣椒为主要原料的复合型调料，其中含有莳萝、牛至、孜然、大蒜等香辛料，一般用于制作火腿、香肠、腌制食品和调味酱等。如果没有，可以用辣椒粉代替，但味道会稍微逊色。

咖喱粉（Curry powder）

咖喱粉中有姜黄、芫荽、茴香、芥末和孜然等香辛料，是一种有独特香气的辣味调料。它具有消除异味的功效，适用于肉类菜肴，也可用于制作调味酱。小磨坊印度咖喱粉的淀粉含量比常见的咖喱粉高。如果买不到，可以用普通的咖喱粉代替，但味道会略有差异。

蔬菜酱（Relish）

这是一种把蔬菜切成小丁煮熟后腌制而成的酱料，一般用来调味。可以用它制作像果酱或酸辣酱一样带甜味的调味酱。本书中使用的蔬菜酱是用黄瓜制作的，你也可以把酸黄瓜挤干后切成碎末代替蔬菜酱。这种蔬菜酱特别适合与热狗或汉堡包等搭配食用。

甜辣酱（Sweet chili sauce）

用辣椒、大蒜、白糖等调料制成的甜辣酱既酸甜，又有点儿辣，非常可口。它主要用于东南亚菜肴，尤其适合与鸡肉和虾肉搭配食用。

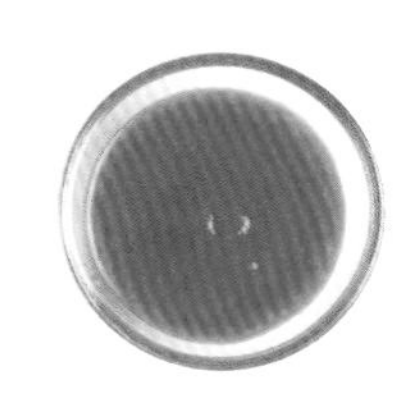

是拉差辣椒酱（Sriracha chili sauce）

是拉差辣椒酱是一种辣味调味酱，用辣椒、食醋、大蒜、白糖、食盐等制作而成，带有甜、辣、酸等味道，经常用于制作炒菜、汤菜或调味汁，在越南餐厅非常常见。可以在大型超市或百货店的进口商品区购买。

下面是本书中出现的鲜见食材。其中有一些是制作三明治馅料或抹酱的食材，有一些是制作早午餐用到的食材。这些食材都是进口商品，你可能对它们有些陌生，不妨借这个机会了解一下它们的风味与使用方法。它们大部分都能在大型超市或百货店的进口商品区买到，你也可以上网购买。

绿咖喱酱（Green curry paste）

这是一种放入柠檬草、南姜、青椒等多种香辛料的调味酱，经常用于制作泰式炒菜或汤菜，制作海鲜和肉类时也会用它调味。这种调味酱比较辣，且带有特殊的香味，只要一点儿就能起到很好的提味效果。类似产品有还黄咖喱酱和红咖喱酱等。

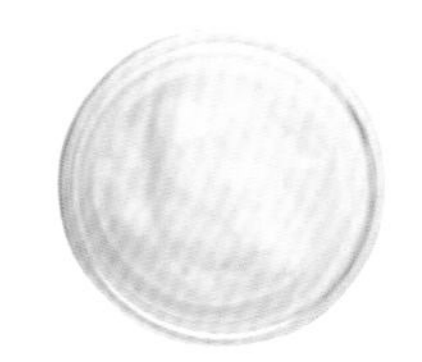

酸奶油（Sour cream）

这是一种用鲜奶油发酵而成的酸味奶油。它比鲜奶油黏稠，经常用于制作墨西哥菜肴，也可用于制作三明治、沙拉、面包和甜点等。可以在大型超市或百货店的乳制品区购买。

刺山柑（Caper）

刺山柑的花蕾经过腌制就成了烹饪三文鱼时不可或缺的调料。它和芥末一样带着辣味，但非常爽口，而且有一股清香，可以去除鱼腥味，还能为菜肴提味。

青橄榄与黑橄榄（Green olive & Black olive）

橄榄树的果实发酵之后进行腌制得到的是青橄榄，没有经过发酵直接进行腌制得到的是黑橄榄。黑橄榄的味道比青橄榄柔和，而在口感方面青橄榄更佳。这两种橄榄一般装在罐头或玻璃瓶里销售，可以在大型超市或百货店的食品区购买。

墨西哥腌辣椒（Pickled jalapeno）

这是一种墨西哥风味的腌制辣椒，辣味重、肉质厚、口感爽脆，主要作为意大利面、比萨饼和卷饼等的配菜。一般装在罐头或玻璃瓶里进行销售，可以在大型超市或百货店的食品区购买。

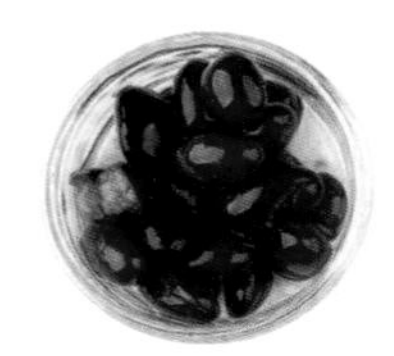

墨西哥黑豆（Black bean）

墨西哥黑豆常用于制作南美菜肴，一般煮熟调味后罐装销售。它多用于制作墨西哥玉米煎饼、墨西哥辣汤和沙拉等，可以在大型超市或百货店的食品区购买。

腌凤尾鱼（Anchovy）

它是用去除了内脏和骨头的凤尾鱼腌制而成的，具有浓郁的味道，在大型超市和食品商店均可买到。除了用于制作沙拉酱或开那批外，做意大利面时放入两三块可以提味增香。

古斯古斯粉（Couscous）

这是一种用杜林小麦制成的小米状食品，是阿尔及利亚及摩洛哥等地的主食。人们一般加入热水或肉汤煮熟后，搭配肉羹或蔬菜羹食用。可以在大型超市的进口食品区或网店购买。

制作不同风味与功能的抹酱

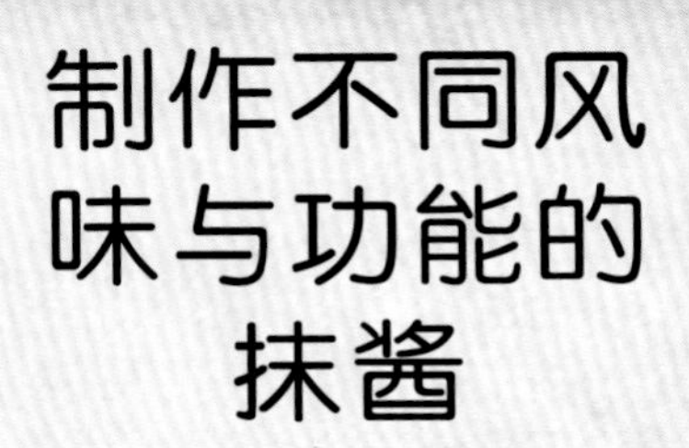

抹酱可以使三明治更加好吃，还能防止馅料中的水分渗入面包，制作三明治时一般使用富含脂肪的蛋黄酱、黄油、橄榄油、奶酪等作为基础抹酱。味道清淡的番茄酱和芥末酱也是制作三明治时常用的抹酱。下面为你介绍本书中出现的基础抹酱以及由此演变出来的各种特色抹酱。

抹酱的保存方法

用市售沙司制作的抹酱：这种抹酱的保质期较长，可以多做一些放入密封容器中冷藏保存，可存放15～30天。

手工制作的抹酱：如果在家制作蛋黄酱、番茄酱、意大利罗勒青酱等并用其制作其他特色抹酱，其保质期就会相对较短。保存抹酱的容器一定要用开水消毒，使用抹酱时要用干净的勺子舀出，用剩的抹酱要冷藏保存，这样抹酱可存放7~10天。

芥末酱

芥末酱是用芥菜籽、水、食盐和柠檬汁搅拌而成的调味酱。第戎芥末酱源自法国的第戎地区，口感非常柔和且有质感。整粒芥末酱里有整粒的芥菜籽，非常适合搭配肉类食用。第戎芥末酱或整粒芥末酱都可以用普通芥末酱代替。如果你觉得直接把芥末酱抹在面包上味道过于浓郁，可以把它和蛋黄酱或番茄酱混合使用。

用芥末酱制作的特色抹酱

柠檬芥末抹酱（第33页）

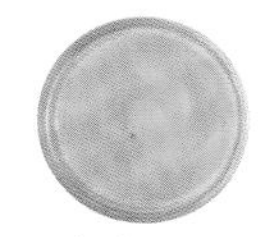

蛋黄芥末抹酱（第67页）

蜂蜜芥末抹酱（第77页）

整粒芥末蛋黄抹酱（第41页）

芥末番茄抹酱（第47页）

奶酪

味道柔和的奶酪适合做三明治的抹酱。最有代表性的就是奶油奶酪，它带有酸味，而且香味非常浓郁，加入其他食材的话还能制作出各种味道的抹酱。山羊乳干酪和蓝纹奶酪也可以用来制作抹酱。此外，奶酪还可以用来制作蘸料以及饼干或蛋糕等甜点。它们非常适合与番茄、核桃等坚果以及烟熏三文鱼等搭配食用。

用奶酪制作的特色抹酱

洋葱奶油奶酪抹酱（第77页）

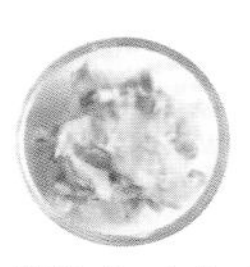

彩椒奶油奶酪抹酱（第131页）

烤蒜奶油奶酪抹酱（第131页）

炒火腿洋葱奶油奶酪抹酱（第131页）

蓝纹奶酪抹酱（第141页）

黄油&食用油

黄油分为无盐黄油与有盐黄油。本书中使用的食用油主要有橄榄油、葡萄籽油、菜籽油等。把黄油或食用油抹在面包上烘烤，不仅可以使面包口感酥脆，还能避免面包变潮湿，使制成的三明治更加好吃。当然，你也可以把黄油或食用油抹在面包上直接食用。黄油冷藏后会变硬，用作抹酱时要提前拿出来，待变为常温再用。黄油一般用于制作焗烤三明治和用酥脆面包片做底托的开放式三明治。橄榄油的独特香味与佛卡夏非常相配，所以一般和佛卡夏搭配使用，在制作口味比较清淡的三明治时我们也经常会用到橄榄油。另外，制作蒜蓉面包时，把拌入黄油或橄榄油的蒜末抹在硬面包或夏巴塔上烤，面包会更加好吃。给孩子制作三明治时，你还可以试着加入一些花生酱。

其他

果酱：我们一般把无花果、杏、苹果、香橙等制成的带有淡淡甜味的果酱作为三明治抹酱使用。果酱与布里奶酪或比萨奶酪碎等口感柔和的奶酪非常相配，所以制作焗烤三明治或开放式三明治时经常会加入果酱。

巧克力榛子酱（能多益）：这是一种用巧克力与榛子制作的巧克力酱，味道香甜柔和，非常适合制作甜点三明治。它与水果和奶酪也非常相配。

甜面酱：甜面酱是北京烤鸭的蘸酱，是一种由黄豆、白糖、芝麻、大蒜以及中国香料熬成的黏稠状的甜味调味酱。它与猪肉、鸭肉、鸡肉等肉类非常相配。可与蛋黄酱混合制成三明治抹酱。

鳄梨：鳄梨果肉的30%是脂肪，口感像黄油一样柔和，并具有独特的香气，一般用于制作沙拉或调味汁。用鳄梨制作三明治抹酱时，要挑选熟透的鳄梨，捣碎后调味即可。

香辣甜面酱抹酱（第63页）

鳄梨抹酱（第79页）

腌橄榄

腌烤彩椒

适合与
三明治和早午餐
搭配的腌菜

腌菜吃起来非常爽口，可以作为配菜和三明治一起食用。下面为你介绍在家制作腌菜的方法。除了搭配三明治以外，这些小菜还可以搭配早午餐、比萨饼、意大利面或肉菜食用。

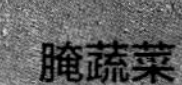

腌橄榄

⏰ 5~10分钟　👤 5~6人份　食材：青橄榄（瓶装或罐装）½杯（65g），黑橄榄½杯（65g），柠檬¼个，碎辣椒½小勺（可省略），橄榄油½杯（100 mL）

1 柠檬洗净后切成厚0.3 cm的小块。
2 把橄榄、柠檬、碎辣椒混匀后放入容器，倒入橄榄油（用量以没过食材为宜）。密封后在室温下静置一天即可食用。★腌橄榄可以当作三明治或早午餐的配菜，也可当作喝葡萄酒时的下酒菜。腌菜吃完后，剩下的橄榄油有食材的香味，可以用来蘸面包或制作沙拉酱。

腌烤彩椒

⏰ 15~20分钟　👤 2~3人份　食材：彩椒2个（400 g），大蒜3瓣，欧芹1~2根（可省略），橄榄油½杯（100 mL）

1 把彩椒直接放在火上烤（第93页）。
2 皮烤焦后放到玻璃碗中，罩上保鲜膜静置2~3分钟。
3 放凉后剥下焦黑的表皮，清除里面的籽，切成6等份。
4 大蒜切片，欧芹切成较大的碎末。
5 把彩椒、大蒜、欧芹放入容器搅拌均匀，倒入橄榄油（用量以没过食材为宜）。密封后在室温下静置一天即可食用。★把腌烤彩椒放在烤面包或饼干上制成开那批，就是一道非常棒的葡萄酒下酒菜。腌烤彩椒还可以放入奶油意大利面里食用，或剁碎后抹在面包上，吃起来也非常香。腌菜吃完后，剩下的橄榄油有食材的香味，可以用来蘸面包或制作沙拉酱。

腌蔬菜

⏰ 25~30分钟　👤 5~6人份　食材：直径10 cm、厚2 cm的萝卜1块（200 g），黄瓜¾根（150 g），洋葱½个（100 g），彩椒½个（100 g），红辣椒1个，柠檬½个，白糖1杯，食醋1 ⅓杯（235 mL），清水⅔杯（135 mL），食盐4小勺，腌菜专用调料½小勺（可省略）

1 萝卜、黄瓜、洋葱、彩椒、红辣椒切成一口大小，柠檬切成厚0.3 cm的小块。
2 把白糖、食醋、清水、食盐、腌菜专用调料放入锅中，煮开后继续煮1分钟，待白糖溶化后关火备用。
3 把上述蔬菜和汤汁倒入容器。密封后在室温下静置3小时，之后冷藏保存一天即可食用。

光盘行动！把剩面包利用起来

做完三明治剩下的面包边角料不要随意扔进冰箱。下面为你介绍剩面包的存放方法以及利用剩面包制作面包屑、煎碎面包块、甜面包干和面包布丁等美食的方法。

面包粉

肉桂甜面包干

剩面包的存放方法

如果打算2~3天内把剩面包吃完，可以选择冷藏保存，如果打算4~5天之后吃，则需把面包冷冻起来。冷冻面包应在常温下解冻，烤制时用喷壶稍微喷点儿水以免面包过干。

面包屑

15~20分钟　食材：3片吐司

1. 把吐司切成大块。
2. 把切好的吐司放入预热好的平底锅，小火翻烤10分钟至酥脆。★也可以把面包平铺在烤盘中，放入预热到200℃的烤箱中层烤8~9分钟。
3. 把烤好的面包晾凉后放入食品加工机磨碎。★如果没有食品加工机，可以把面包放入保鲜袋再压成碎末。

肉桂甜面包干

15~20分钟　2人份　食材：吐司3片，葡萄籽油2大勺，白糖3小勺，肉桂粉¼小勺，食盐少许

1. 烤箱预热到200℃（小烤箱预热到190℃），吐司切成8等份（三角形）。
2. 把吐司和葡萄籽油放入玻璃碗中搅拌均匀。把白糖、肉桂粉、食盐放入小碗搅拌均匀后，倒入放有吐司的玻璃碗中搅拌均匀。
3. 把吐司平铺在烤盘中，放入预热好的烤箱中层，烤7~8分钟。

面包布丁

⏰ 15~20分钟 🥕 1~2人份 食材：吐司1片，鲜奶油（或牛奶）约⅓杯（75mL），牛奶约⅓杯（75mL），鸡蛋1个，桃仁片1大勺，葡萄干½大勺（15g），白糖3小勺，食盐少许，肉桂粉少许（可省略）

1 烤箱预热到200℃（小烤箱预热到190℃）。吐司切成2 cm见方的小块。

2 把鲜奶油、牛奶、鸡蛋、白糖、肉桂粉、食盐放入玻璃碗中搅拌均匀。

3 把吐司放入耐热容器，至容器的⅔为宜，然后倒入步骤2中的食材。最后把桃仁片和葡萄干撒在上面。

4 把容器放入预热好的烤箱中层，烤8~10分钟。

芳香植物煎碎面包块

⏰ 15~20分钟 食材：吐司3片，橄榄油2大勺，帕尔玛干酪粉2小勺（可省略），欧芹粉½小勺，食盐少许，胡椒粉少许

1 把吐司切成1.5 cm见方的小块。

2 把吐司和橄榄油放入玻璃碗中搅拌均匀。把帕尔玛干酪粉、欧芹粉、食盐和胡椒粉放入小碗搅拌均匀，然后倒入盛有吐司的玻璃碗中搅拌均匀。

3 把吐司放入预热好的平底锅，中小火边搅拌边煎4分钟即可。★也可以把面包平铺在烤盘里，放入预热到200℃（小烤箱预热到190℃）的烤箱中层，烤8~10分钟。

面包布丁

芳香植物煎碎面包块

既养眼又方便的三明治包装方法

如果三明治的馅料不是很多，吃起来就会很方便。但是如果为了保证口感与营养而放足了各种馅料，那么我们吃起来就会略显狼狈。有时我们明明把漂亮的三明治整整齐齐地放进了饭盒，可打开时却一片狼藉，这是多么让人伤心的事情啊！为了方便食用以及避免三明治散开，我会在三明治上插牙签或者把它们切成一定大小后用油纸包起来再外带。下面为你介绍三明治的切分方法和包括上述方法在内的包装方法。这些方法非常实用，希望大家能够学会。

1.切分方法

用刀切馅料丰富的三明治时，馅料会被挤出来，三明治很容易散开。切之前在三明治中插牙签进行固定就可以轻松解决这个问题（如果有锯齿面包刀就更方便了）。就算三明治已经包装好了也没有关系，我们可以直接切割包着保鲜膜或油纸的三明治。

切成2等份（三角形）

切成4等份（三角形）

切成2等份（长方形）

切成4等份（正方形）

2.包装方法

用保鲜膜包装

这是最简单的一种包装方法。准备一张比三明治大两倍的保鲜膜，把三明治包起来即可。★也可以用锡纸以同样的方法进行包装。

用硫酸纸或金箔纸包装

这种包装方法虽略显粗糙，却很有个性。准备一张比三明治大两倍的硫酸纸，包住三明治后用绳子绑好或用透明胶带粘住即可。★先用保鲜膜包好，切好后再用硫酸纸包装也是不错的选择。

用透明塑料袋包装

不易散开的三明治（南瓜馅或土豆馅的等）可以用透明塑料袋进行包装。按照袋子的大小切好三明治，或把整个三明治放入袋子后用绳子或丝带绑住袋口。把袋口折好后贴上漂亮的不干胶也是很不错的选择。

用纸袋包装

如果外带的距离不远，我们可以用纸袋包装三明治。先用保鲜膜包好三明治，然后放入纸袋，最后用不干胶封上袋口即可。

用饭盒包装

用饭盒包装三明治时一定要装满，不能留有空隙，这样才能防止三明治散开。如果有空隙，我们需要把每块三明治用硫酸纸包好再放进饭盒。你也可以用沥干的小西红柿填充饭盒中的空隙。

用三明治专用包装盒包装

制作三明治送人时最好用三明治专用包装盒进行包装。先把三明治切成方便装盒的形状，然后用硫酸纸包好并放入专用包装盒，最后用绳子绑起来或贴上标签，或者用漂亮的不干胶进行装饰。

新手计量指南及食材加工指南

制作三明治时，准确的食材用量、火候的掌握以及烹调时间都是至关重要的因素。下面介绍本书所用的计量方法、火力调节方法以及食材加工技巧。

计量工具使用方法

粉末状或有黏性的食材装满容器后，要像图片那样用筷子刮掉多余的食材。液体食材要装满容器。

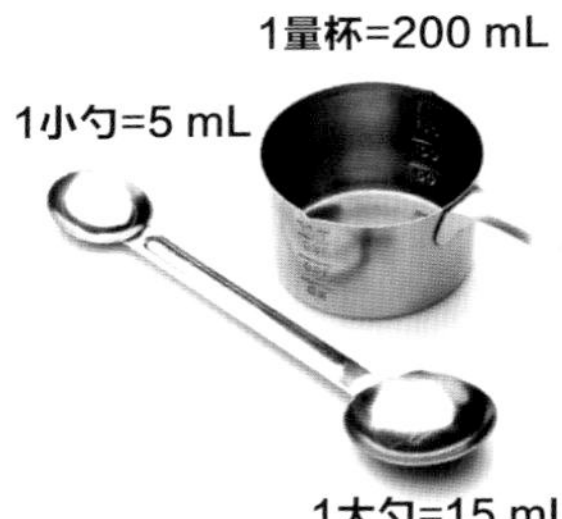

没有计量工具时的计量方法

1大勺=15 mL
1饭匙=10~12 mL
1大勺=1⅓ 饭匙
1量杯=200 mL

量杯的容量与纸杯差不多，可以用纸杯代替量杯。

火力调节方法

各种灶具的火力不同，我们可根据火苗与锅底之间的距离判断火力大小。

热锅
用中火烧锅，把手靠近锅底时有热的感觉就差不多了。特殊要求参见相应配方的说明。

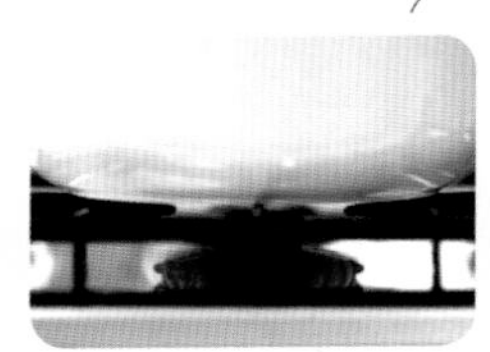

小火
火苗与锅底之间的距离约为1 cm。

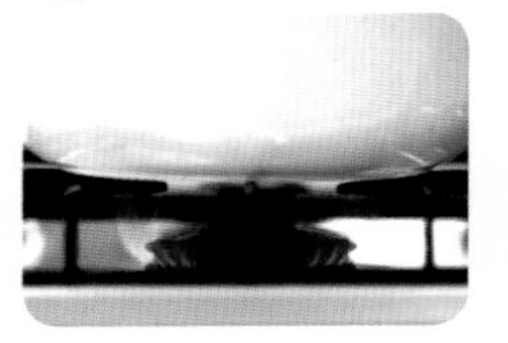

中火
火苗与锅底之间的距离约为0.5 cm。

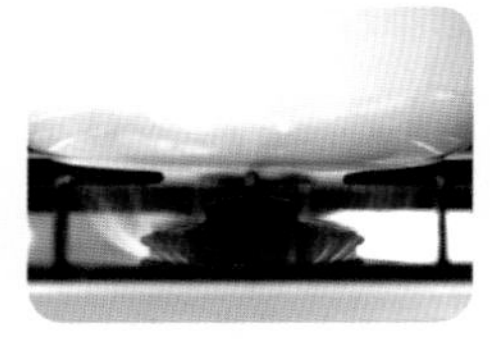

大火
火苗与锅底之间几乎无缝隙。

徒手测量方法：一把或少许食材的大概分量

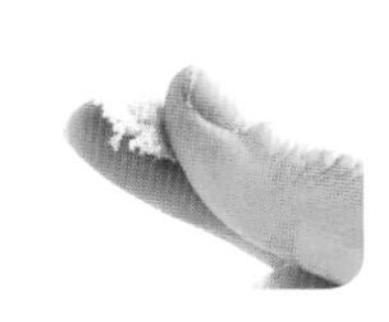

食盐少许（少于⅙小勺）

胡椒粉少许（轻轻抖2次的分量）

菠菜1把（50 g）

嫩叶菜1把（20 g）

彩椒切丝

❶把彩椒纵切成两半。

❷向外掰掉蒂。

❸使彩椒的内侧朝上，放在案板上切成丝。

洋葱切末

❶ 在洋葱的右侧水平切出密集的切口。

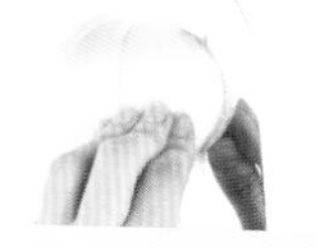

❷ 调转洋葱，在另一侧也水平切出密集的切口。

❸ 旋转90° 顶着切口把洋葱切成碎末。1/20个洋葱（10 g）=1大勺洋葱末

鳄梨去核

❶ 用刀深深切至果核处。

❷ 两手分别抓住切口两边的鳄梨，把鳄梨掰开。

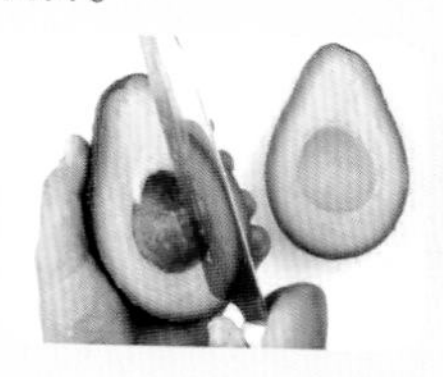

❸用刀或勺子挖出果核。

取橙子果肉

❶ 切下橙子两端。

❷ 切掉橙皮，刀不够锋利的话会弄伤果肉，请尽量使用锋利的刀具。

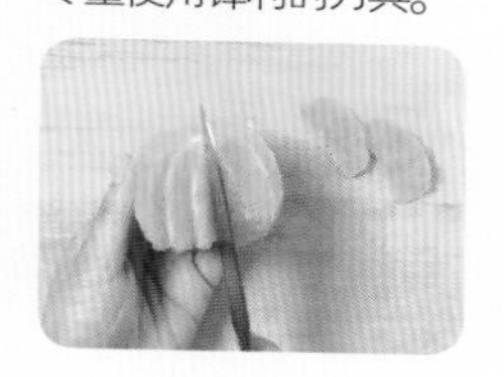

❸ 沿着内果皮切开，然后把果肉剥离出来。

用普通平底锅煎烤三明治

❶-1 把擦净锅底的小平底锅放在大平底锅上，用中火烧热。
★一定要选用锅底较厚的大平底锅。

❶-2 小平底锅烧热之后，把三明治放在大平底锅上用小火煎烤，烤的过程中用小平底锅的锅底轻轻按压三明治，3分钟后翻面再煎烤3分钟。

❷如果没有小平底锅，可把三明治放在烧热的平底锅里，边煎烤边用铲子按压。

废油的处理方法

❶把半张报纸团起来放入空牛奶盒，然后倒入废油。

❷倒入油后继续填入团起来的报纸，等报纸完全吸收掉废油后，用透明胶带封好牛奶盒并扔到垃圾箱里。

Chapter 1

简单又好吃的
基础三明治

这一章我会集中为你介绍在三明治专卖店或咖啡厅经常吃到的有代表性的三明治。制作这些三明治的原料多为土豆、鸡蛋、南瓜、火腿、奶酪等常见食材，但这并不代表平庸，因为我们可以通过食材的不同组合方式，搭配多种抹酱和调味汁做出非常好吃的三明治。除了基础三明治以外，本章还会介绍可以轻松制作的路边摊吐司和热狗等。下面就请跟我一起制作适合不同场合食用的美味吧。

西洋南瓜桃仁三明治

香甜的西洋南瓜加上香酥的桃仁能够做出一款营养满分的美味三明治。它做法简单，容易让人产生腹饱感，是非常不错的餐点。

鸡蛋三明治

鸡蛋三明治做法非常简单，而且营养丰富，是人气颇高的加餐三明治。放入生洋葱可以使它的口感更加爽脆。

西洋南瓜桃仁三明治

⏰ 15~20分钟

1人份

- ☐ 黑麦面包（或吐司）2片
- ☐ 西洋南瓜¼个（200 g）
- ☐ 桃仁片3大勺（15 g）
- ☐ 蛋黄酱1大勺
- ☐ 蜂蜜（或寡糖、白糖）1小勺
- ☐ 食盐少许

抹酱

- ☐ 蛋黄酱1大勺

☆Tip

西洋南瓜替代物

西洋南瓜可用等量红薯代替。

用西洋南瓜馅料做下酒菜

把西洋南瓜馅料做成丸子，蘸上面包屑后油炸，就做成了一道非常不错的下酒菜。

第一阶段 准备抹酱及馅料

1 用勺挖出籽后，把南瓜切成大块放入耐热容器中，罩上保鲜膜用微波炉（700W）加热9分钟。
★或者放入上汽的蒸锅中盖上盖子蒸15~20分钟。

2 把桃仁片放入烧热的锅中小火干炒2分钟，至桃仁片微黄。

3 把蒸好的西洋南瓜放入大碗，用勺子或叉子碾碎，然后放入桃仁片、蛋黄酱（1大勺）、蜂蜜、食盐，搅拌均匀做成馅料。

第二阶段 制作三明治

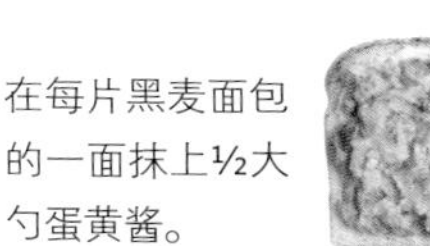

① 在每片黑麦面包的一面抹上½大勺蛋黄酱。

② 再把西洋南瓜馅料放在一片面包上，然后用另外一片面包盖住。

搞定！

鸡蛋三明治

⏰ 25~30分钟

1人份

- ☐ 黑麦面包（或吐司）2片
- ☐ 鸡蛋2个
- ☐ 紫洋葱（或白洋葱）⅛个（25g，切圈）
- ☐ 莳萝1~2根（可省略）
  ★食材说明参见第15页

柠檬芥末抹酱

- ☐ 蛋黄酱3大勺
- ☐ 白糖1小勺
- ☐ 柠檬汁1小勺
- ☐ 整粒芥末酱（或普通芥末酱）
- ☐ 2小勺★食材说明参见第21页
- ☐ 胡椒粉少许

☆Tip

如果和孩子一起用餐 可以用彩椒丝或青椒丝代替生洋葱圈。

第一阶段 准备抹酱及馅料

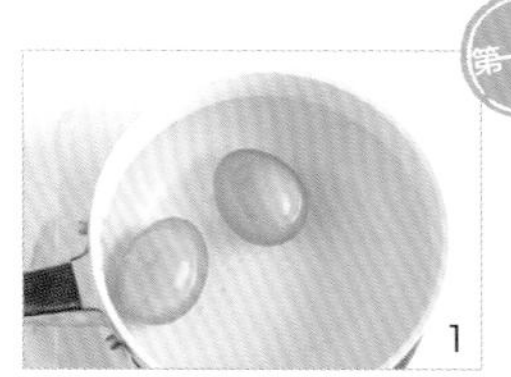

1 把鸡蛋放入锅中后倒入清水，水量以没过鸡蛋为宜。用大火将水烧开后关火，盖上盖子焖12分钟。

2 将除莳萝以外的抹酱食材搅拌均匀，莳萝只取叶子备用。

3 紫洋葱切成薄圈，在凉水里浸泡10分钟以清除辣味，然后捞出沥干。把煮好的鸡蛋剥壳后放入大碗中用勺子或叉子碾碎，再加入2大勺抹酱做成馅料。

第二阶段 制作三明治

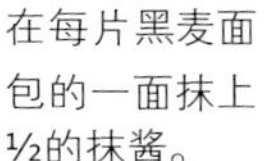

① 在每片黑麦面包的一面抹上½的抹酱。

② 把鸡蛋馅料放在一片面包上。

③ 把洋葱圈放在上面。

④ 放上莳萝，用另外一片面包盖住。

搞定！

俱乐部三明治

俱乐部三明治源自1894年的纽约萨拉托加会馆。最传统的做法是在三片烤面包之间放入馅料，然后切成4等份。下面介绍的是用两片面包制作的俱乐部三明治。

15~20分钟
1人份

- □ 吐司2片
- □ 培根3条（50 g）
- □ 火腿2片（24 g）
- □ 番茄3片
- □ 生菜（或圆生菜）3~5片（50 g）
- □ 食盐1/6小勺
- □ 胡椒粉少许

蔬菜蛋黄抹酱

- □ 蛋黄酱1/2大勺
- □ 蔬菜酱（酸黄瓜碎）1大勺 ★食材说明参见第16页

第一阶段 准备抹酱及馅料

1

把抹酱食材放入小玻璃碗搅拌均匀。

2

把面包放在烧热的平底锅上，中小火两面各烤1.5分钟后备用。

3

把番茄片放在厨房纸巾上，撒上少许盐后吸去水分。

4

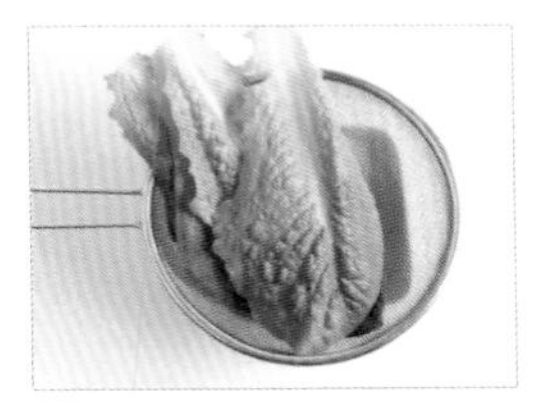

用凉水洗净生菜并沥干，然后切成面包大小。

5

把培根放入烧热的平底锅，撒上胡椒粉，中火翻烤2分钟，烤脆后放在厨房纸巾上吸去油脂。

第二阶段 制作三明治

❶ 在每片吐司的一面抹上1/2的抹酱。

❷ 把培根放在一片吐司上。

❸ 然后把生菜放在上面。

❹ 再把番茄片放在上面。

❺ 最后放上切片火腿，用另外一片吐司盖住，切成4等份。

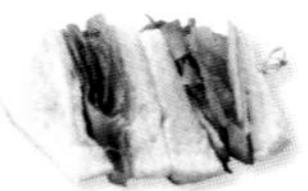

搞定！

☆Tips

巧切三明治 三明治做好后用竹签或牙签固定，然后切成4块等大的三角形。

★ 三明治切分方法参见第27页。

要想做得更丰盛 在俱乐部三明治里再加上烤鸡胸肉会使其更有腹饱感。先把鸡胸肉片成3等份，然后用少许食盐和胡椒粉腌制。在烧热的锅里倒入少许食用油，把鸡胸肉放在锅中小火煎4分钟即可。

黄瓜三明治

据说英国女王喝下午茶的时候特别喜欢吃黄瓜三明治。酸酸甜甜的腌黄瓜与奶油奶酪非常般配。黄瓜三明治适合当作早餐或加餐。

蟹足棒三明治

在纽约留学时，我吃到的一款蟹肉卷三明治里放的是货真价实的蟹肉，那份感动一直让我记忆犹新。为了找回当时的感觉，我制作了简单的蟹足棒三明治。

黄瓜三明治

⏰ 10~15分钟
🥕 1人份

- □ 黑麦面包（或吐司）2片
- □ 黄瓜约⅓根
- □ 莳萝1~2根（可省略）★食材说明参见第15页
- □ 白糖½小勺
- □ 食盐¼小勺
- □ 食醋1小勺

抹酱
- □ 奶油奶酪2大勺

第一阶段 准备抹酱及馅料

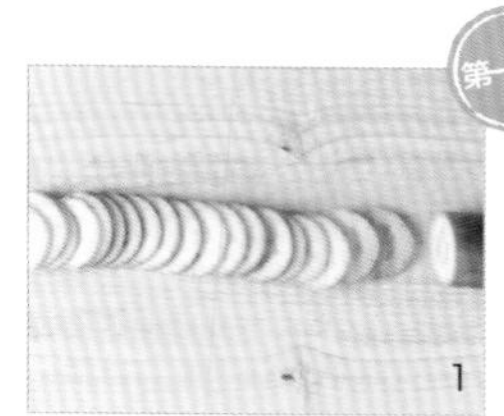
1

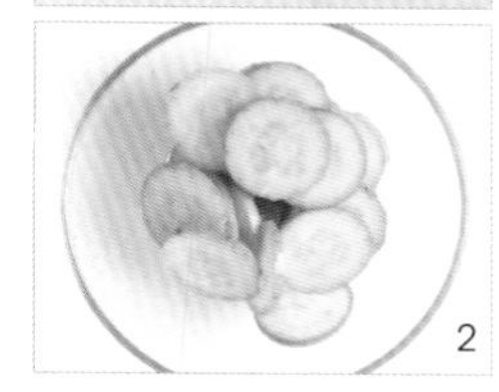

2

1 黄瓜切成厚0.3 cm的片，莳萝摘叶备用。
2 把白糖、食盐、食醋放入玻璃碗搅拌均匀，放入黄瓜腌制5分钟后用漏勺沥干。★也可以直接使用生黄瓜，不过腌制不仅可以去除黄瓜中多余的水分，还能使其有酸甜味，口感更好。

第二阶段 制作三明治

① 在黑麦面包的一面抹上1大勺奶油奶酪。

② 把黄瓜片平铺在一片面包上。

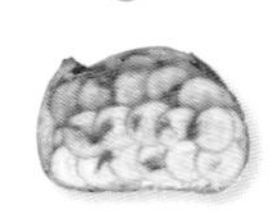
③ 撒上莳萝后用另外一片面包盖住。

搞定!

蟹足棒三明治

⏰ 15~20分钟
🥕 2人份

- □ 软面包（或早餐面包）2个
- □ 短蟹足棒3根(55 g)
- □ 苦苣4片（10 g）
- □ 芹菜7 cm（15 g）
- □ 食盐少许
- □ 胡椒粉少许

柠檬蛋黄抹酱
- □ 柠檬¼个（柠檬汁2小勺+柠檬皮屑）
- □ 蛋黄酱2大勺
- □ 白糖1小勺
- □ 胡椒粉少许

第一阶段 准备抹酱及馅料

2

3

1 柠檬洗净后削下黄色的表皮，切成碎末。挤出2小勺柠檬汁。把柠檬皮屑和柠檬汁与其他抹酱食材搅拌均匀。在软面包上切出¾深的刀口。★柠檬皮屑的制作技巧参见第39页的Tip。
2 蟹足棒用手撕成细丝。苦苣用凉水洗净后沥干，芹菜撕掉表面的粗纤维后切成末。★芹菜的粗纤维可用削皮器轻易削掉。
3 把蟹足棒、芹菜、食盐、胡椒粉和2大勺抹酱放入碗中搅拌均匀，做成蟹足棒馅料。

第二阶段 制作三明治

① 把剩余的抹酱涂在软面包里。

② 把苦苣放入面包。

③ 最后把蟹足棒馅料填入面包。

搞定!

☆Tips

如果不喜欢芹菜的味道 可用苹果（⅛个）代替。

用蟹足棒馅料制作其他美食 蟹足棒馅料可以用薄饼包起来吃。也可以把蟹足棒馅料和鳄梨等放入已调好味的米饭里，做成加利福尼亚卷或饭团。

金枪鱼三明治

金枪鱼三明治处理不当会变得又腥又干。放入足量的蔬菜，再抹上带有柠檬皮屑的柠檬蛋黄抹酱，就能做出非常爽口且风味独特的金枪鱼三明治。口味清淡的金枪鱼和香酥的羊角面包是非常完美的组合。

⏰ 15~20分钟
1人份

- □ 羊角面包1个（或吐司2片）
- □ 金枪鱼罐头½罐（小罐，50 g）
- □ 圆生菜½片（手掌大小，20 g）
- □ 芹菜6 cm（12 g）
- □ 紫洋葱（或白洋葱）1/20个（10 g）

柠檬蛋黄抹酱

- □ 柠檬¼个（柠檬汁2小勺+柠檬皮屑）
- □ 蛋黄酱3大勺
- □ 胡椒粉少许
- □ 白糖1小勺

准备抹酱及馅料

1

柠檬洗净后削下黄色的表皮，切成碎末。挤出2小勺柠檬汁。把柠檬皮屑和柠檬汁与其他抹酱食材搅拌均匀。

2

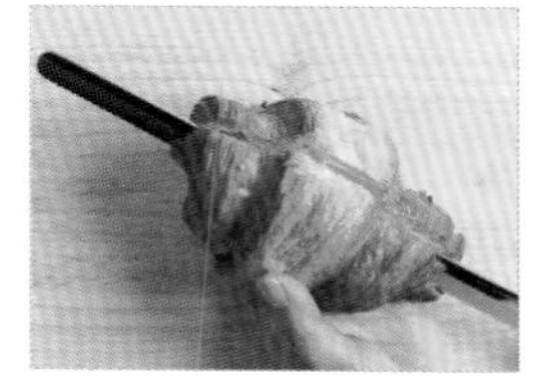

在羊角面包上切出¾深的刀口。

3

用漏勺沥出金枪鱼罐头中的油。

4

圆生菜用凉水洗净后用漏勺沥干，切成面包大小。

5

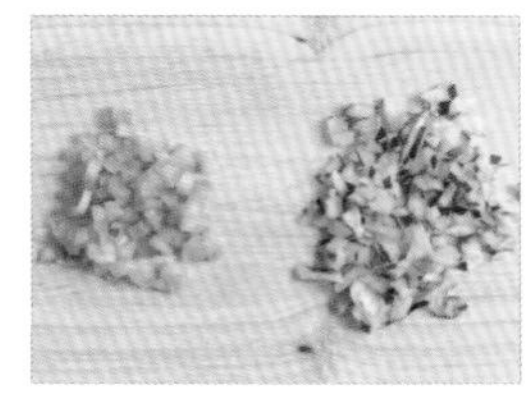

芹菜撕掉表面的粗纤维后切成碎末。洋葱也切成碎末。★芹菜的粗纤维可用削皮器轻易削掉。

6

把金枪鱼、芹菜、洋葱、2大勺抹酱放入碗中搅拌均匀，做成金枪鱼馅料。

❶ 把剩余的抹酱涂在羊角面包里。

❷ 把圆生菜放入面包。

❸ 最后把金枪鱼馅料填入面包。

☆Tip

制作清香宜人的柠檬皮屑（Lemon zest） 用水果洗涤剂、小苏打或食盐搓洗柠檬，浸泡片刻后放入开水中边翻滚边烫，然后取出用凉水冲洗。制作柠檬皮屑时只用黄色的表皮，用刀薄薄地把它片下来或用削皮器削下来，再切成细丝或细末。柠檬表皮下的白色部分没有香味，反而有点儿苦，所以要尽量去掉白色部分。

土豆培根三明治

我们不妨把人们常吃的土豆三明治做得精致一些。培根、洋葱以及稍微带点儿辣味的抹酱会让土豆三明治的味道更加丰富。

20~25分钟
1人份

- □ 吐司2片
- □ 土豆1个（中等大小，150~160 g）
- □ 培根3条（36 g）
- □ 洋葱¼个（50 g）
- □ 食用油（葡萄籽油或菜籽油）1小勺
- □ 胡椒粉少许

整粒芥末蛋黄抹酱

- □ 蛋黄酱3大勺
- □ 整粒芥末酱（或普通芥末酱）1小勺
  ★ 食材说明参见第21页
- □ 食盐⅙小勺

准备抹酱及馅料

1

把抹酱食材放入小碗搅拌均匀。

2

土豆削皮后切成大块，放入耐热容器罩上保鲜膜，放入微波炉（700W）加热8分钟。

3

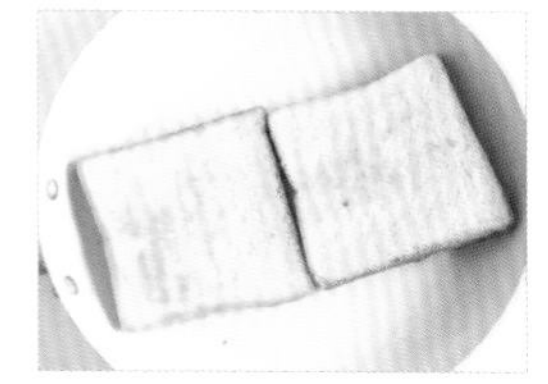

把吐司放在烧热的平底锅上，中小火两面各烤1.5分钟后备用。

4

把洋葱和培根切成碎末。

5

在烧热的锅中倒入少许食用油，放入培根和洋葱，撒上胡椒粉中火炒3分钟。

6

把土豆放入碗中碾碎，再放入步骤5中炒好的食材和2大勺抹酱搅拌均匀，做成土豆馅料。

❶ 在每片吐司的一面抹上½的抹酱。

❷ 把土豆馅料放在一片吐司上，然后用另一片吐司盖住。

☆Tips

蒸煮土豆 如用蒸锅蒸，就要把土豆切成大块后放在已经上汽的蒸屉上，盖上盖子蒸15~20分钟。如用炖锅煮，就要把整个土豆放进锅中，倒入水盖上盖子用大火煮，水量以刚好没过土豆为宜。水开后用中火煮25分钟即可。

用剩下的土豆馅料做焗烤美食 在土豆馅料里放入少许鲜奶油搅拌均匀，再根据个人喜好放入比萨奶酪碎，最后放入预热到200℃的烤箱烤7~10分钟。

猫王三明治

猫王埃尔维斯·普雷斯利非常喜欢吃这种三明治，所以人们把它称为猫王三明治。花生酱、香蕉和培根的组合是不是有些突兀呢？相信我，这绝对是让你吃过一次就难以忘怀的独特味道。

15~20分钟
1人份

- □ 黑麦面包（或吐司）2片
- □ 香蕉1根（100 g）
- □ 培根2条（24 g）
- □ 胡椒粉少许

抹酱

- □ 花生酱2大勺

准备抹酱及馅料

1

香蕉剥皮后切成厚0.5cm的片。

2

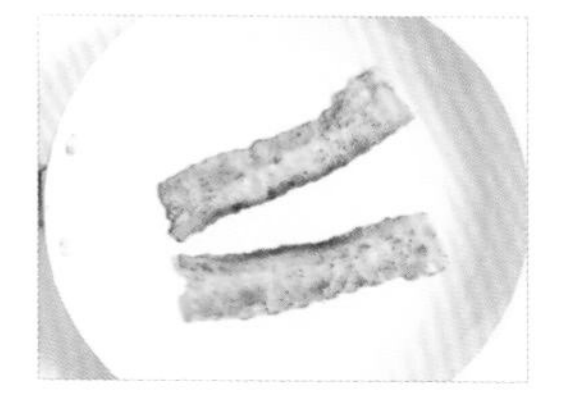

培根放在烧热的锅里，撒上胡椒粉后中火翻烤2分钟。

3

烤好的培根放在厨房纸巾上吸去油脂。

❶ 在每片黑麦面包的一面抹上½的抹酱。

❷ 把培根放在一片面包上。

❸ 在上面码上香蕉后用另一片面包盖住。

❹

煎烤：把三明治放入烧热的平底锅，开中火，两面各煎1分钟至表面变黄。

☆**Tip**

如何防止香蕉变黑? 香蕉跟空气接触后会发生褐变，我们可以在香蕉上淋柠檬汁防止褐变。但如果只用柠檬汁就会让香蕉变得非常酸，我们可以根据个人喜好把1小勺柠檬汁和2小勺寡糖混合后抹在香蕉上。

菠菜炒蛋三明治

富含维生素与铁的菠菜加上柔软的炒蛋能做出一款简单却营养丰富的三明治。忙碌的早晨，菠菜炒蛋三明治会是非常不错的早餐。

15~20分钟
1人份

- □ 英式麦芬（或贝果、汉堡包面包）1个
- □ 菠菜叶7片（10 g，或圆生菜1片）
- □ 洋葱1/20个（10 g）
- □ 鸡蛋1个
- □ 牛奶1大勺
- □ 帕尔玛干酪4 g（或帕尔玛干酪粉½大勺）★食材说明参见第13页
- □ 食用油（葡萄籽油或菜籽油）1小勺

粉色蛋黄抹酱

- □ 蛋黄酱1大勺
- □ 番茄酱½大勺
- □ 整粒芥末酱（或普通芥末酱½小勺）★食材说明参见第21页

准备抹酱及馅料

1

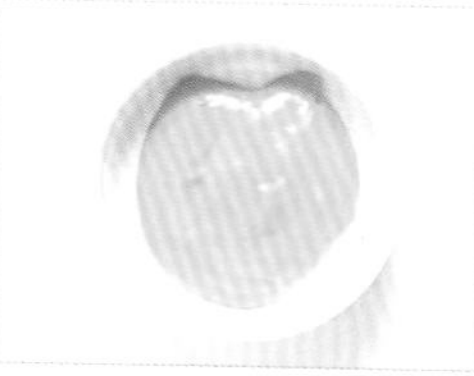

把抹酱食材放入小碗搅拌均匀，把英式麦芬水平切成两半。

2

把英式麦芬放入烧热的平底锅，两面各烤1.5分钟后备用。

3

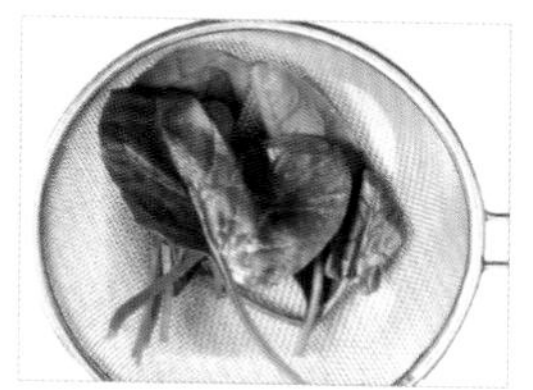

菠菜叶用凉水洗净后用漏勺沥干。

4

洋葱切丝后在凉水里浸泡10分钟，然后捞出沥干。帕尔玛干酪用擦板擦成碎末。

5

把鸡蛋、牛奶、帕尔玛干酪放入玻璃碗搅拌均匀。

6

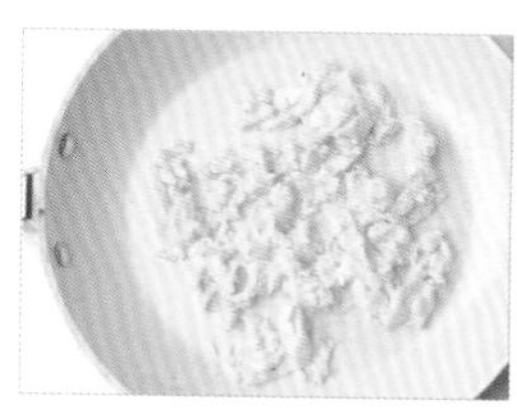

在烧热的锅中倒入少许油，把步骤5中的食材倒入锅中，小火边搅边炒30秒，制成炒蛋。

① 在每片麦芬的一面抹上½的抹酱。

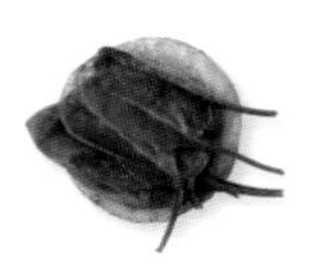

② 把菠菜放在一片麦芬上面。

③ 再把炒蛋放在上面。

④ 最后放上洋葱，用另一片麦芬盖住。

☆**Tip**

用切片奶酪代替帕尔玛干酪 炒蛋时先不放奶酪，做三明治时把切片奶酪放在炒蛋上即可。

火腿奶酪三明治

火腿与奶酪的简单组合加上用番茄制作的抹酱，就能做出别具特色的三明治。如果觉得三层太厚，你也可以把它做成两层的。

芝麻菜帕尔玛火腿三明治

这种三明治充分体现了每种食材的原味，如果你想做简单的三明治，不妨试试这一款。喝爽口的白葡萄酒时用这款三明治做下酒菜也非常不错。

火腿奶酪三明治

⏰ 15~20分钟
🥕 1人份

- ☐ 吐司3片
- ☐ 火腿2片（24 g）
- ☐ 切片奶酪（切德干酪）2片
- ☐ 圆生菜2片（手掌大小，30 g）

芥末番茄抹酱

- ☐ 意大利面番茄酱3大勺
- ☐ 芥末酱1小勺

第一阶段 准备抹酱及馅料

1 把意大利面番茄酱放入锅中，中火烧开后转小火煮2分钟至还剩⅔的量，关火后放入芥末酱。
2 圆生菜用凉水洗净后用漏勺沥干，加工成面包大小。

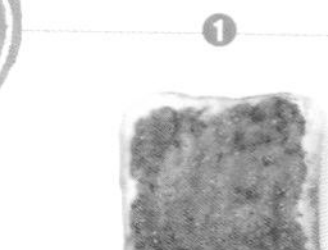

❶ 在两片吐司的一面抹¼的抹酱，在另外一片吐司的两面分别抹¼的抹酱。

❷ 把切片火腿放在一片吐司上面。

❸ 把切片奶酪放在上面。

❹ 把圆生菜放在上面，再把两面都抹了抹酱的面包放在上面。再放一次馅料，最后用另一片吐司盖住。

搞定!

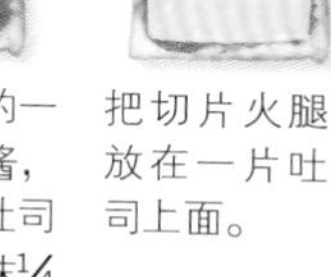

芝麻菜帕尔玛火腿三明治

⏰ 15~20分钟
🥕 1人份

- ☐ 佛卡夏1个（或厚吐司2片）
- ☐ 帕尔玛火腿2片（20 g，或切片火腿2片）★食材说明参见第11页
- ☐ 芝麻菜6根（20 g，或圆生菜1片）★食材说明参见第14页
- ☐ 帕尔玛干酪8 g（或帕尔玛干酪粉1大勺）★ 食材说明参见第13页
- ☐ 蓝莓干½大勺（5 g）
- ☐ 巴萨米克调味汁1小勺★食材说明参见看第16页
- ☐ 橄榄油2小勺

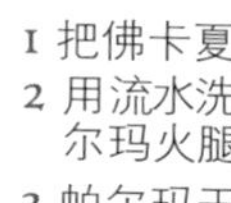

第一阶段 准备抹酱及馅料

1 把佛卡夏水平切成两半。
2 用流水洗净芝麻菜后用漏勺沥干。帕尔玛火腿用手撕开。
3 帕尔玛干酪用削皮器削片或用刀切成薄片。

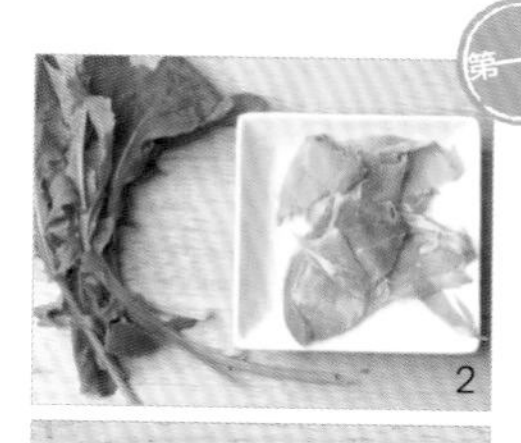

第二阶段 制作三明治

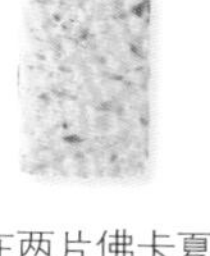

❶ 在两片佛卡夏内侧分别抹1小勺橄榄油。

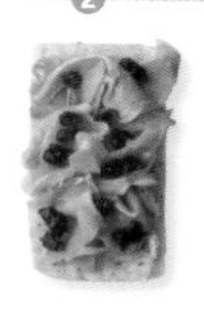

❷ 把帕尔玛火腿和蓝莓干放在一片面包上。

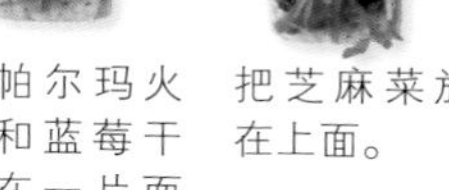

❸ 把芝麻菜放在上面。

❹ 淋上巴萨米克调味汁并放上帕尔玛干酪，用另外一片面包盖住。

搞定!

☆**Tip**

巴萨米克调味汁的制作方法 锅里放入½杯（100 mL）巴萨米克香醋和1大勺白糖，中火边搅边煮3分钟。放凉至像蜂蜜一样黏稠即可。装入容器后密封冷藏，可保存一年。

三文鱼奶油奶酪三明治

三文鱼奶油奶酪三明治一直深受女士们的喜爱。我的秘诀是加入蔬菜酱，这种酸酸甜甜的酱料搭配奶油奶酪和三文鱼就能做出独一无二的可口三明治。

15~20分钟
1人份

- □ 贝果1个
- □ 烟熏三文鱼3片（50 g）
- □ 洋葱1/10个（20 g）
- □ 圆生菜2片（手掌大小，30 g）
- □ 蔬菜酱（或酸黄瓜碎末）1大勺★食材说明参见第16页
- □ 柠檬汁2小勺
- □ 食盐少许
- □ 胡椒粒1/3小勺（或胡椒粉少许）

抹酱

- □ 奶油奶酪4小勺

第一阶段 准备抹酱及馅料

1

把贝果水平切成两半后放入烧热的平底锅，中火翻烤1.5分钟后备用。

2

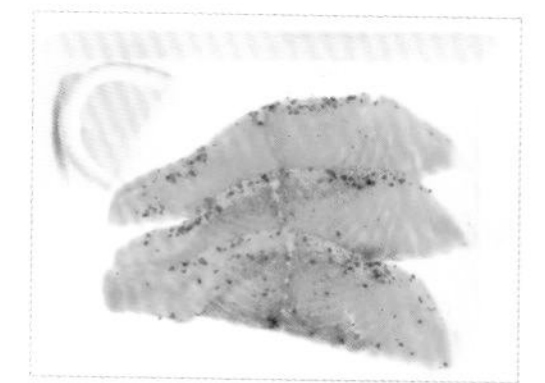

烟熏三文鱼用柠檬汁、食盐和胡椒粒腌制。★不同的烟熏三文鱼咸淡不同，一定要先尝味道再放食盐。

3

洋葱切丝后在凉水里浸泡10分钟，然后捞出用漏勺沥干。

4

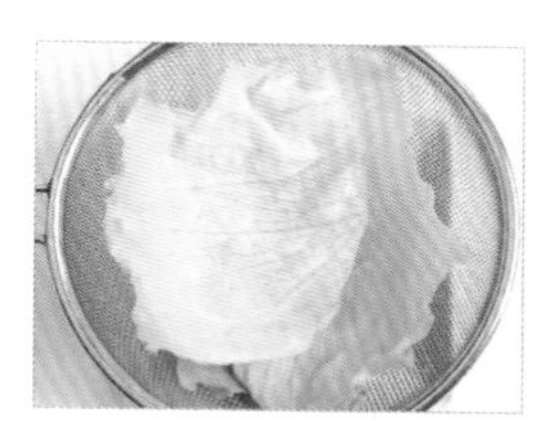

圆生菜用凉水洗净后放在漏勺上沥干，然后加工成面包大小。

第二阶段 制作三明治

❶ 在两片贝果的内侧分别抹上2小勺奶油奶酪。

❷ 再分别抹上½大勺蔬菜酱。

❸ 把圆生菜放在一片贝果上。

❹ 把烟熏三文鱼放在上面。

❺ 最后放上洋葱，用另外一片贝果盖住。

搞定！

☆Tip

用酸黄瓜碎末做成的蔬菜酱（Relish） 这种蔬菜酱是把切成碎末的黄瓜和酸甜调料搅拌而成的调味料，一般用于制作热狗或汉堡包。可以在大型超市或百货店的进口食品区购买，也可在网店进行购买。如果没有蔬菜酱，可把酸黄瓜的水分挤干后切成碎末使用。

BLTH三明治

在放入培根、圆生菜、番茄的BLT三明治的基础上，添加火腿就做成了BLTH三明治。再加点儿香辣抹酱会使这款三明治的口感更加辣爽。

15~20分钟
1人份

- □ 长条状面包1个（或吐司2片）
- □ 培根2条（24 g）
- □ 切片火腿2片（24 g）
- □ 番茄片3片
- □ 生菜（或圆生菜）3~5片（50 g）
- □ 黑橄榄2个（可省略）
- □ 食盐少许
- □ 胡椒粉少许

香辣蛋黄抹酱

- □ 蛋黄酱1½大勺
- □ 是拉差辣椒酱（或辣椒酱，辣酱油）1小勺★食材说明参见第16页

第一阶段 准备抹酱及馅料

1

把抹酱食材放入小碗搅拌均匀。

2

把面包水平切成两半，放入烧热的平底锅，中小火翻烤1.5分钟后备用。

3

把番茄片切成两半，放在厨房纸巾上，撒盐吸去水分。

4

生菜用流水洗净后放在漏勺上沥干水分。黑橄榄切成3~4等份。切片火腿加工成面包大小。

5

把培根放入烧热的平底锅，撒上胡椒粉，中火翻烤2分钟，烤脆后放在厨房纸巾上吸去油分。

第二阶段 制作三明治

❶ 在每片长条状面包的一面抹上½的抹酱。

❷ 把生菜放在一片面包上。

❸ 把番茄放在上面。

❹ 再把培根放在上面。

❺ 最后放上切片火腿和黑橄榄，用另外一片面包盖住。

搞定！

路边摊吐司

当我还是上班族的时候，特别喜欢吃路边摊吐司，那种香味总是让我忍不住停下脚步。柔软的煎蛋加上香甜的抹酱实在让人难以割舍。我们不妨在家里尝试做一做路边摊吐司吧。

20~25分钟
1人份

- □ 吐司2片
- □ 鸡蛋2个
- □ 切片火腿1片（12 g）
- □ 圆白菜½片（手掌大小，15 g）
- □ 洋葱⅒个（20 g）
- □ 胡萝卜⅒个（20 g）
- □ 室温黄油1大勺
- □ 食用油（葡萄籽油或菜籽油）1大勺

甜味粉色蛋黄抹酱

- □ 蛋黄酱½大勺
- □ 番茄酱½大勺
- □ 白糖½小勺

准备抹酱及馅料

1

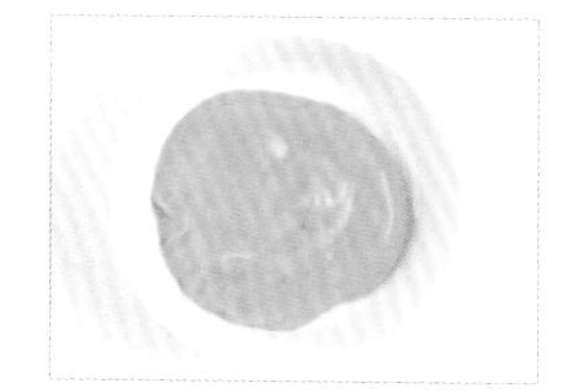

把抹酱食材放入小碗搅拌均匀。

2

在面包的两面分别抹上¼大勺黄油，然后放入烧热的平底锅，中小火翻烤1分钟后备用。

3

圆白菜、洋葱、胡萝卜、切片火腿切成碎末。

4

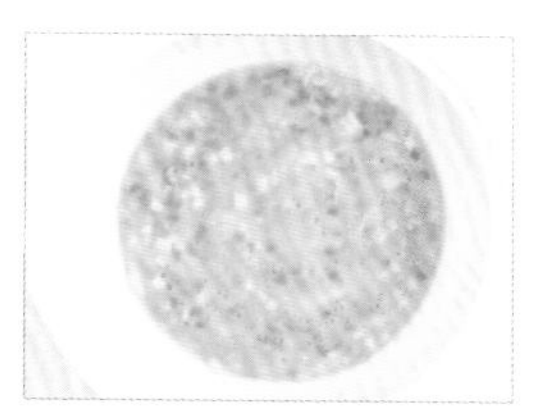

把鸡蛋放入另一只碗打散，把步骤3中的食材放入蛋液中搅拌均匀。

5

在烧热的锅里放入½大勺食用油，把½的鸡蛋混合液倒入锅中，中小火煎1.5分钟至面包大小。剩下的鸡蛋混合液也用同样的方法煎制。

❶ 在每片吐司的一面抹上½的抹酱。

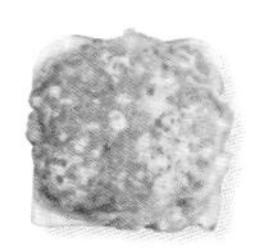

❷ 把煎蛋放在一片吐司上。

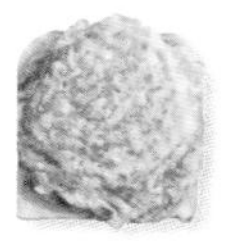

❸ 再放一张煎蛋后用另外一片吐司盖住。

搞定!

☆Tip

煎蛋中可放入的蔬菜 可以用甜椒等口感爽脆的蔬菜代替圆白菜和胡萝卜。如果不能同时备齐圆白菜、洋葱和胡萝卜，可以只选其中1~2种。

炒洋葱热狗

多年前在美国洛杉矶生活的时候，有一天经过一个路口，突然闻到一股香味，忍不住上前买了个热狗吃。那股香味就是炒洋葱时散发出来的。炒成褐色的洋葱又甜又香，和香肠一起放入面包就成了一道美味佳肴。

15~20分钟
1人份

- □ 夏巴塔（或热狗面包）1个
- □ 饱满的佛兰克香肠1根（70 g）
- □ 洋葱约¾个（160 g）
- □ 食用油（葡萄籽油或菜籽油）2小勺
- □ 食盐⅙小勺
- □ 胡椒粉少许
- □ 番茄酱1小勺（可根据喜好加减）
- □ 辣酱油少许（可省略）

抹酱

- □ 室温黄油1大勺

准备抹酱及馅料

1

在夏巴塔上切出¾深的刀口。

2

把夏巴塔放入烧热的平底煎锅（或平底锅），中小火翻烤约1分钟后备用。

3

洋葱切成厚0.5 cm的粗丝。

4

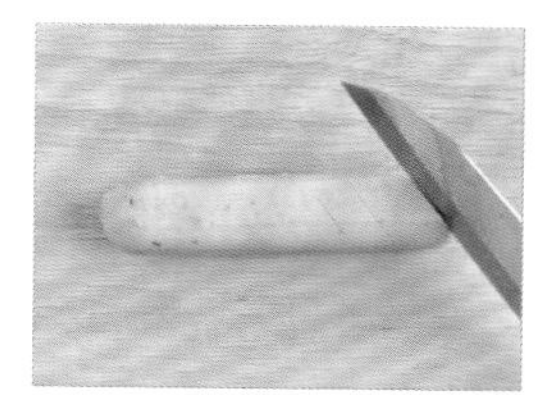

佛兰克香肠每隔0.5 cm切一个刀口。

5

在烧热的平底锅中倒入食用油后放入洋葱，撒上食盐和胡椒粉。中小火炒6~7分钟至洋葱颜色变深。

6

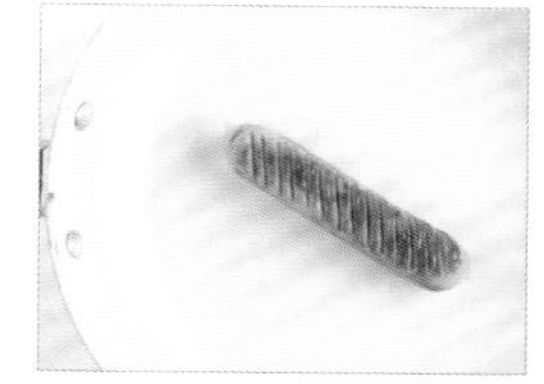

把香肠放入烧热的平底锅，中火边翻滚边烤3分钟。

❶ 在夏巴塔的内侧抹上黄油。

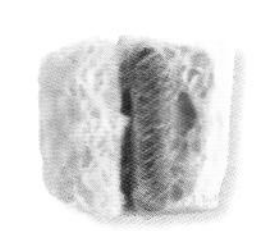

❷ 把佛兰克香肠放在面包里。

❸ 再把洋葱放在面包里。

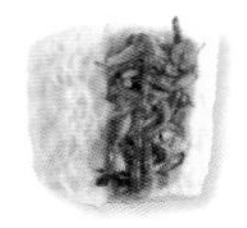

❹ 根据个人喜好放入番茄酱和辣酱油。

☆Tip

如何使热狗更有嚼劲，味道更加醇厚？ 可以加入香味独特、筋道耐嚼的香菇。将两只香菇去蒂，切成厚0.5 cm的片，与洋葱一起炒过后夹入热狗，香味浓郁口感筋道的香菇能为这款热狗增色不少。

Chapter 2
凉着也好吃的冷三明治

当我们需要带饭的时候，第一个想到的就是三明治。跟亲朋好友去郊游、给上幼儿园或上学的孩子带加餐、自己上班带饭时，三明治往往会成为我们的首选。这时我们需要制作冷三明治。三明治要放一段时间再吃的话，一定要把抹酱涂抹均匀，以免面包吸收馅料中的水分。制作馅料时也要使用水分不多且不易变质的食材。三明治的包装也很关键，包装不好会使面包表面变干，影响口感。下面，我们就一起制作满足以上条件的冷三明治吧。

★三明治的包装方法参见第26页

卡普列赛三明治

这款三明治用到了含有马苏里拉鲜奶酪、番茄和罗勒的卡普列赛沙拉，口感爽滑。

甜菜三明治

颜色鲜艳的甜菜做熟后会变甜。口味清淡又带有酸味的酸面团面包加上咸咸的山羊乳干酪，再配上甜甜的甜菜，就能做出一款风味独特的三明治。

卡普列赛三明治

⏰ 15~20分钟
1人份

- ☐ 夏巴塔1个（或厚吐司2片）
- ☐ 马苏里拉鲜奶酪½块（65 g）
  ★食材说明参见第13页
- ☐ 番茄2片
- ☐ 生菜（或圆生菜）1~2片（20 g）
- ☐ 食盐⅙小勺

抹酱

- ☐ 意大利罗勒青酱4小勺
  ★食材说明参见第20页

☆Tip

没有意大利罗勒青酱怎么办?

把1大勺橄榄油、1小勺巴萨米克香醋和⅙小勺食盐搅拌均匀，抹在面包上即可。

第一阶段 准备抹酱及馅料

1 夏巴塔水平切成两半。生菜用凉水洗净后用漏勺沥干。

2 马苏里拉鲜奶酪切成厚0.7 cm的片。把奶酪和番茄片放在厨房纸巾上，撒盐静置5分钟以吸去水分。

第二阶段 制作三明治

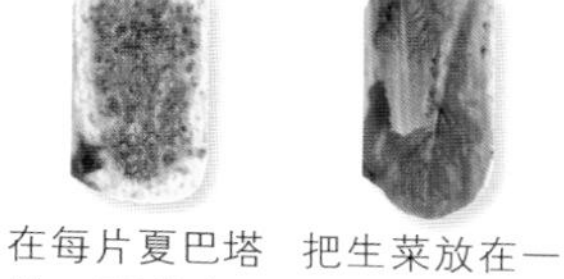

❶ 在每片夏巴塔的一面抹上2小勺意大利罗勒青酱。

❷ 把生菜放在一片面包上。

❸ 再把番茄片放在上面。

❹ 最后放上马苏里拉鲜奶酪，用另外一片面包盖住。

搞定!

甜菜三明治

⏰ 15~20分钟
1人份

- ☐ 酸面团面包（或法棍）2块★食材说明参见第10页
- ☐ 甜菜¾个(120 g)
- ☐ 生菜（或圆生菜）1~2片（20 g）
- ☐ 芝麻菜5~6片（7g，或生菜1片）
  ★食材说明参见第14页
- ☐ 橄榄油⅙小勺
- ☐ 食盐少许
- ☐ 胡椒粉少许

抹酱

- ☐ 山羊乳干酪（或奶油奶酪）1大勺★食材说明参见第12页

第一阶段 准备抹酱及馅料

1 把酸面团面包放入烧热的平底锅，中小火翻烤1分钟后备用。

2 甜菜切成3~4等份，放入耐热容器，再倒入¼杯水，罩上保鲜膜，用微波炉（700W）加热8分钟。

3 生菜和芝麻菜用凉水洗净后用漏勺沥干。加热过的甜菜切成厚1 cm的片，撒上橄榄油、食盐和胡椒粉搅拌均匀。

第二阶段 制作三明治

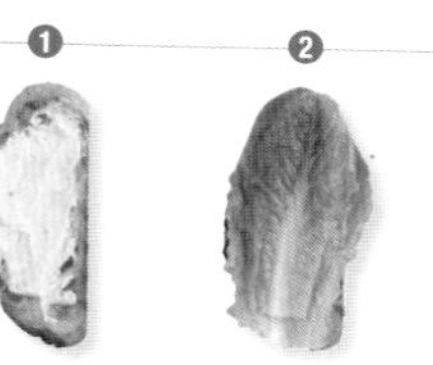

❶ 在每片酸面团面包的一面抹上½大勺山羊乳干酪。

❷ 把生菜放在一片面包上。

❸ 再把甜菜放在上面。

❹ 最后放上芝麻叶，用另外一片面包盖住。

搞定!

早餐三明治

我们可以把汉堡包店的人气早餐汉堡包改良成早餐三明治。把原本的切片火腿换成炒香肠可以增添咀嚼的乐趣，而配上简单的蔬菜会让你的早餐更有营养。

15~20分钟
1人份

- □ 英式麦芬(或贝果)1个
- □ 佛兰克香肠1根（32g，或切片火腿/培根2片）
- □ 鸡蛋1个
- □ 切片奶酪（熏制奶酪或切德干酪）1片
- □ 食用油（葡萄籽油或菜籽油）1小勺
- □ 胡椒粉少许

洋葱粉色蛋黄抹酱
- □ 洋葱末2小勺
- □ 蛋黄酱2小勺
- □ 番茄酱2小勺

准备抹酱及馅料

1

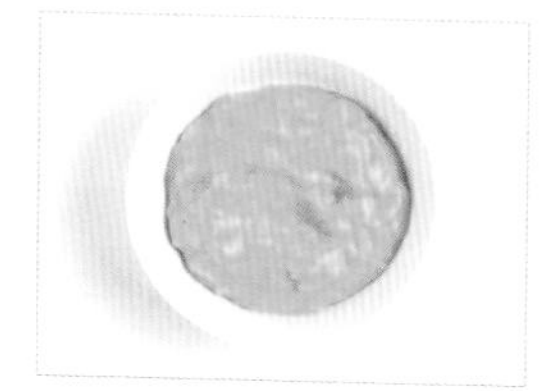

把抹酱食材放入小碗搅拌均匀。英式麦芬水平切成两半。

2

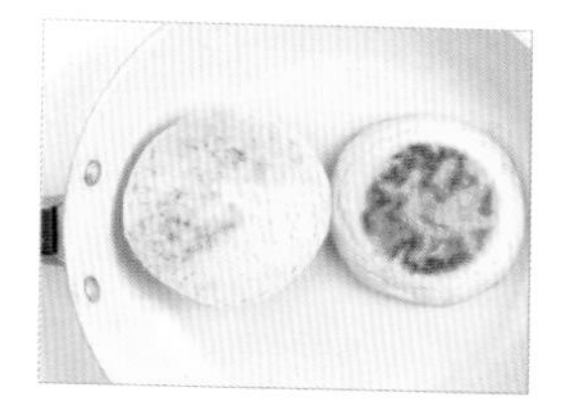

把英式麦芬放入烧热的平底锅，中小火翻烤1.5分钟后备用。

3

佛兰克香肠切成厚0.5cm的片。

4

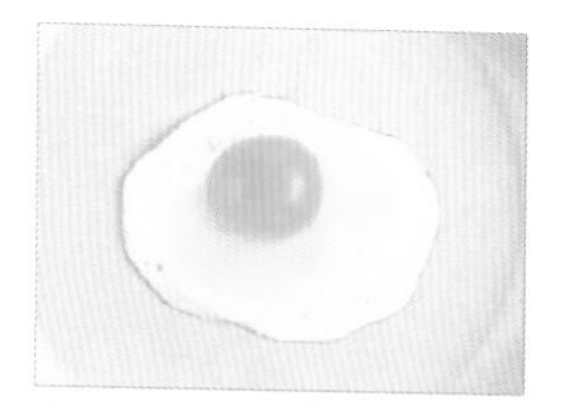

在烧热的锅中倒入少许食用油，打入一个鸡蛋，中小火煎1.5分钟，翻面继续煎30秒后盛到盘子里。

5

把佛兰克香肠放入锅中，撒胡椒粉，中火炒1.5分钟。

❶ 在每片英式麦芬的一面抹上½的抹酱。

❷ 把切片奶酪放在一片英式麦芬上。

❸ 把煎蛋放在上面。

❹ 最后放上香肠，用另外一片英式麦芬盖住。

☆Tip

口感清淡的英式麦芬 这是一种英国人比较喜欢的早餐面包，没有甜味，形状扁圆，口感筋道湿润，适合搭配煎蛋卷和火腿等制作三明治。

越式猪肉三明治

越南曾是法国的殖民地，所以常用法棍来制作三明治。法棍搭配酸味腌菜和香辣的青阳辣椒，再加上用香甜的调料拌过的猪肉，就能做出一款十分丰盛的三明治。要想体验正宗的越式三明治，不妨再多放点儿香菜。

⏰ 20~25分钟
🥕 1人份

- □ 长15 cm的法棍1根
- □ 猪肉85 g
- □ 萝卜1片（厚1 cm，30 g）
- □ 胡萝卜1/10根（20 g）
- □ 黄瓜¼根（50 g）
- □ 青阳辣椒1个（可省略）
- □ 香菜3~4根（可省略）
  ★食材说明参见第15页
- □ 食盐少许
- □ 胡椒粉少许
- □ 食用油（葡萄籽油或菜籽油）2小勺

萝卜和胡萝卜的腌料

- □ 白糖1小勺
- □ 食盐1小勺
- □ 食醋1小勺

香辣甜面酱抹酱

- □ 甜面酱（或烤肉酱）2大勺★食材说明参见第21页
- □ 甜辣酱1大勺（或番茄酱2小勺+寡糖1小勺）★食材说明参见第16页
- □ 蛋黄酱1大勺

准备抹酱及馅料

1

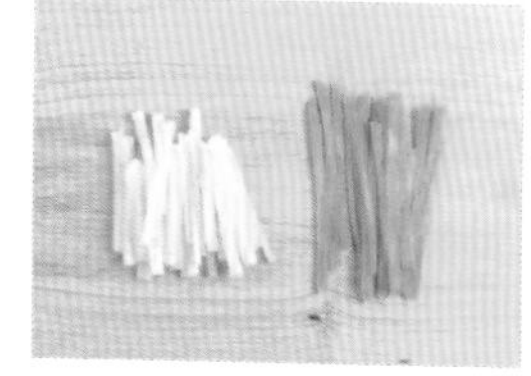

法棍水平切至¾。萝卜和胡萝卜切成长5~6 cm的细丝，用腌料腌5分钟后沥干。
★萝卜与胡萝卜可只用一种，但用量要等同于两种食材用量之和。

2

黄瓜削皮后切成长6 cm，宽1 cm的长条，青阳辣椒斜切成丝。可根据喜好准备香菜。

3

猪肉切成宽3 cm的小条，然后用刀背边敲打边展开，撒上少许食盐和胡椒粉。

4

在烧热的锅中倒入少许食用油，放入猪肉，中小火煎3~3.5分钟。★可根据肉的厚度调节煎烤时间。

5

把抹酱食材放入碗中搅拌均匀。在煎好的猪肉上放½的抹酱，搅拌均匀。

❶ 在每片法棍的一面抹上¼的抹酱。

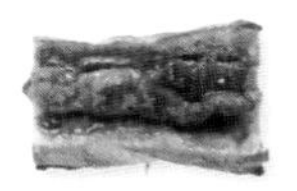

❷ 把猪肉放在一片法棍上。

❸ 把黄瓜与辣椒放在上面。

❹ 再把腌好的萝卜与胡萝卜放在上面。

❺ 最后放上香菜，用另外一片法棍盖住。

☆Tip

没有甜辣酱怎么办？ 甜辣酱是东南亚菜肴中经常用到的调料，可以作为越南春卷或春卷的蘸酱。如果没有甜辣酱，可以用2小勺番茄酱和1小勺寡糖代替。

烤鸡肉三明治

烤鸡肉三明治不仅制作方法简单，而且营养丰富、味道绝佳，非常适合外带。如果目的地较远，可把凉拌卷心菜单独包装，当作配菜食用。

20~25分钟
1人份

- □ 汉堡包面包1个
- □ 鸡胸肉3块（75 g）
- □ 芥菜叶（或圆生菜）2~3片（13 g）
- □ 烤肉酱2大勺（番茄酱1大勺+酿造酱油2小勺+白糖2小勺）
- □ 食用油（葡萄籽油或菜籽油）2小勺
- □ 食盐少许
- □ 胡椒粉少许

凉拌卷心菜

- □ 紫甘蓝1片（手掌大小，30 g）
- □ 洋葱约1/7个（30 g）
- □ 蛋黄酱1大勺
- □ 食盐¼小勺
- □ 胡椒粉少许

抹酱

- □ 蛋黄酱4小勺

准备抹酱及馅料

1

紫甘蓝与洋葱切成细丝后放入碗中，撒上食盐腌5分钟，然后用漏勺沥干，最后加入蛋黄酱和胡椒粉搅拌均匀，就制成了凉拌卷心菜。

2

把面包内侧朝下放入烧热的平底锅，中小火烤1.5分钟后备用。

3

芥菜叶用凉水洗净后用漏勺沥干。

4

在烧热的平底锅中倒入少许食用油，放入鸡胸肉，撒上食盐和胡椒粉，中小火煎3分钟。
★可根据鸡胸肉的厚度调节煎烤时间。

5

鸡胸肉稍稍放凉后用手撕成小块。

6

把鸡胸肉和烤肉酱放入烧热的平底锅，中火翻炒2分钟即可。

❶ 在每片汉堡包面包的内侧抹上2小勺抹酱。

❷ 把芥菜叶放在一片面包上。

❸ 把凉拌卷心菜放在上面。

❹ 最后放烤鸡肉，用另外一片面包盖住。

☆**Tips**

1.把凉拌卷心菜当作配菜 凉拌卷心菜可以多做一点儿，当作三明治的配菜也非常不错。

2.用猪里脊肉代替鸡胸肉 用猪里脊肉代替鸡胸肉是不错的选择。把猪里脊肉放入烧热并倒有食用油的平底锅，撒上食盐和胡椒粉中小火煎烤，稍稍放凉后撕成细丝，与调味酱一起搅拌均匀即可。

意大利腊肠三明治

意大利腊肠是意大利香肠的一种，这种腊肠制作时会添加多种调料且带有咸味，所以味道非常丰富。意大利腊肠三明治用清淡的面包和口感爽脆的叶菜与番茄制成，可以最大限度地保留意大利腊肠的独特风味。制作时可以根据个人喜好增减意大利腊肠的用量。

10~15分钟
1人份

- □ 夏巴塔1个（或厚吐司2片）
- □ 意大利腊肠4~5片（40 g，或香肠3片）

★食材说明参见第11页

- □ 番茄2片
- □ 圆生菜2片（手掌大小，30 g）
- □ 生菜3-4片（40 g）
- □ 食盐¼小勺

蛋黄芥末抹酱

- □ 蛋黄酱1大勺
- □ 芥末酱1大勺
- □ 白糖½小勺

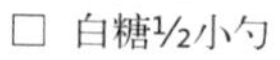

第一阶段 准备抹酱及馅料

1

把抹酱食材放入小碗搅拌均匀。

2

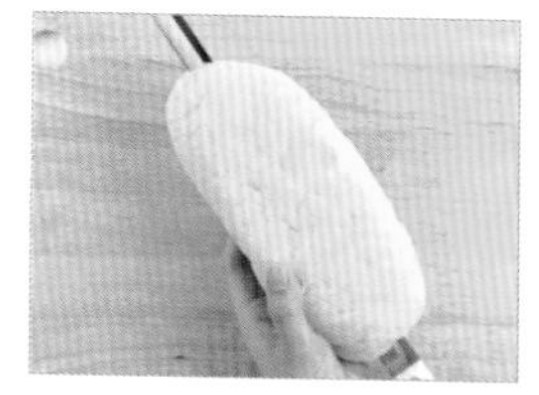

夏巴塔水平切至¾深。

3

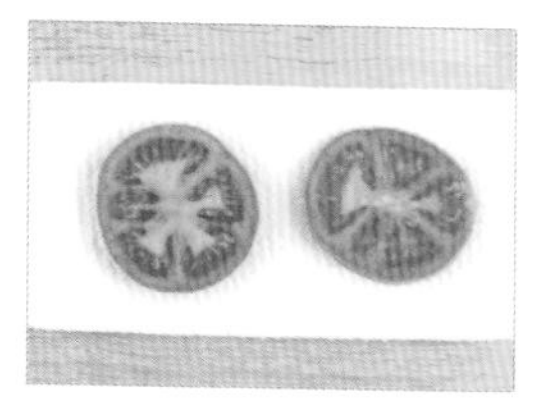

把番茄片放在厨房纸巾上，撒上食盐，吸去水分。

4

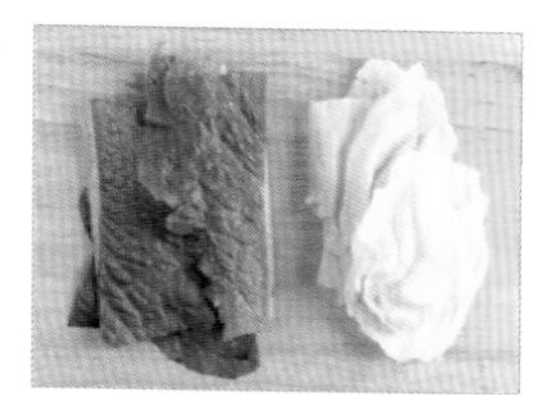

圆生菜与生菜用凉水洗净后用漏勺沥干，然后加工成面包大小。

第二阶段 制作三明治

❶ 在夏巴塔的内侧分别抹上½的抹酱。

❷ 把圆生菜放在一片面包上。

❸ 把生菜放在上面。

❹ 再把番茄放在上面。

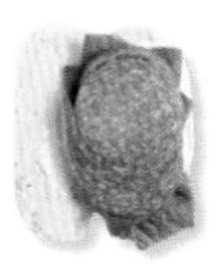

❺ 最后放上意大利腊肠，用另外一片面包盖住。

搞定！

☆Tip

意大利风干香肠——萨拉米 萨拉米是将肉用食盐和香辛料等腌制后剁碎，放入长条的网兜里风干制成的肉肠。市面上可以买到切成薄片或香肠形状的萨拉米。

意大利腊肠因添加的香辛料不同而具有不同的风味，可以在大型超市的食品区或进口食品区购买。用剩下的腊肠可以切成小块，当作喝葡萄酒时的下酒菜或制作比萨或意大利面。暂时不用的腊肠需要用保鲜膜包好，放入密封袋冷藏保存。

烤茄子三明治

我很喜欢茄子搭配番茄酱的味道，所以经常用它制作意大利面或沙拉，这次我要用烤茄子制作三明治。把经过熬制的番茄酱抹在面包上，然后把烤茄子和烤洋葱夹在里面，味道真是好极了。

香辣蘑菇三明治

如果喜欢比较刺激的味道，不妨在香味浓郁的蘑菇中放入酸酸的巴萨米克香醋和辣辣的碎辣椒炒制成馅料，制成香辣蘑菇三明治。如果想和小朋友一起吃，可以不放辣椒碎。

烤茄子三明治

⏰ 15~20分钟
1人份

- □ 佛卡夏1个（或厚吐司2片）★食材说明参见第9页
- □ 茄子2片（40 g）
- □ 洋葱¼个（50 g）
- □ 切片奶酪（豪达干酪或切德干酪）1片
- □ 食用油（葡萄籽油或菜籽油）2小勺
- □ 食盐少许
- □ 胡椒粉少许

大蒜番茄抹酱

- □ 意大利面番茄酱3大勺
- □ 蒜末1小勺
- □ 橄榄油1小勺

第一阶段 **准备抹酱及馅料**

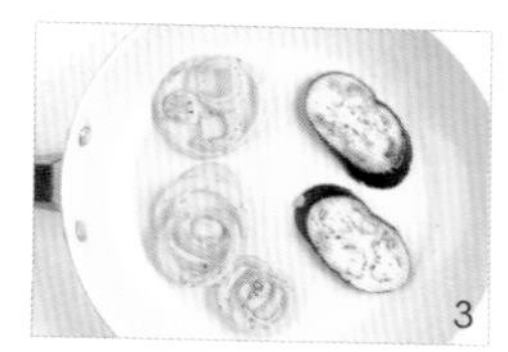

1 小锅烧热后加入橄榄油，然后放入蒜末，小火炒30秒。放入意大利面番茄酱，中火边搅边熬2分钟至还剩⅔的量时关火备用。

2 佛卡夏水平切成两半，茄子切成斜片，洋葱切圈。

3 在烧热的平底锅中倒入少许食用油，放入茄子和洋葱，加入食盐和胡椒粉，中火翻烤2.5分钟。

第二阶段 制作三明治

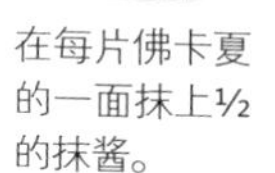

❶ 在每片佛卡夏的一面抹上½的抹酱。

❷ 把切片奶酪放在一片面包上。

❸ 把烤茄子放在上面。

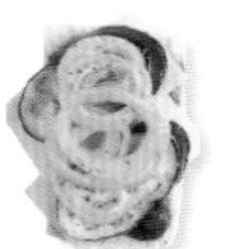

❹ 最后放上烤洋葱，用另外一片面包盖住。

搞定!

香辣蘑菇三明治

⏰ 15~20分钟
1人份

- □ 黑麦面包（或吐司）2片
- □ 洋菇3个（60 g）
- □ 香菇1个（25 g）
- □ 洋葱⅕个（40 g）
- □ 布里奶酪（或卡芒贝奶酪）½块（50 g）★食材说明参见第12页
- □ 生菜（或圆生菜）3~5片（50 g）
- □ 巴萨米克香醋1大勺★食材说明参见第16页
- □ 辣椒碎⅓小勺（或青阳辣椒碎½个量）★食材说明参见第16页
- □ 食用油（葡萄籽油或菜籽油）1大勺
- □ 食盐⅙小勺

抹酱

- □ 室温黄油1大勺

第一阶段 **准备抹酱及馅料**

1 把黑麦面包放入烧热的平底煎锅（平底锅），中火翻烤1分钟后备用。

2 香菇按图中的形状切好，洋葱切成丝。布里奶酪切成片。生菜用凉水洗净后沥干。★洋菇或香菇选一种即可，可用其他种类的蘑菇代替香菇。

3 在烧热的平底锅中倒入少许食用油，放入香菇和洋葱，撒上盐，中大火炒4分钟。

4 放入巴萨米克香醋和辣椒碎，改中火继续炒20秒。

第二阶段 制作三明治

❶ 在每片黑麦面包的一面抹上½的抹酱。

❷ 把生菜放在一片面包上。

❸ 把炒蘑菇和洋葱放在上面。

❹ 最后放上布里奶酪，用另外一片面包盖住。

搞定!

意大利青酱牛肉三明治

意大利青酱是用罗勒、大蒜、松仁、橄榄油、帕尔玛干酪等一起磨制成的。加上番茄酱会更加可口。搭配烤牛肉与洋葱，能做出高品质的三明治。

15~20分钟
2人份

- □ 长5 cm的法棍2根
- □ 牛肉里脊50 g
- □ 洋葱约1/5个（30 g）
- □ 番茄1片
- □ 生菜（或圆生菜）1~2片（20 g）
- □ 食用油（葡萄籽油或菜籽油）2小勺
- □ 食盐少许
- □ 胡椒粉少许

意大利青酱番茄抹酱

- □ 意大利面番茄酱3大勺
- □ 意大利罗勒青酱2小勺

★食材说明参见第20页

第一阶段 准备抹酱及馅料

1

小锅烧热后放入意大利面番茄酱，中火边搅边熬2分钟至还剩2/3的量时关火，放入意大利罗勒青酱搅拌均匀做成抹酱。

2

法棍水平切至3/4深。洋葱切丝，番茄片切成两半后放在厨房纸巾上撒盐吸去水分。生菜加工成面包大小。

3

牛肉按面包形状切成便于食用的大小。

4

在烧热的平底锅中倒入少许食用油，放入牛肉，撒入食盐和胡椒粉中小火翻烤2分钟后盛盘。★可以根据个人喜好调节肉熟的程度。

5

把洋葱放入留有肉汁的平底锅，撒上食盐和胡椒粉中火炒1.5分钟。

第二阶段 制作三明治

❶ 在法棍的内侧抹上1/2的抹酱。

❷ 把生菜放入面包。

❸ 把牛肉放入面包。

❹ 把番茄放入面包。

❺ 最后放上炒洋葱后合上面包。用相同方法再做一份。

搞定!

Tip

用鸡胸肉或虾仁代替牛肉 用鸡胸肉代替牛肉时，把1/2块鸡胸肉（50 g）片成三等份，用食盐和胡椒粉腌制。在烧热的平底锅中倒入2小勺食用油，中小火翻烤3分钟。用虾仁代替牛肉时，把冷冻生虾仁（6只，90 g）用凉水浸泡解冻后沥干。在烧热的平底锅中倒入2小勺食用油，撒上食盐和胡椒粉中小火炒2分钟。

咖喱香鸡里脊肉三明治

鸡胸肉是三明治店里的人气料理。用鸡里脊肉代替鸡胸肉能做出口感更加柔和的三明治。加入桃仁片与蓝莓干可增添咀嚼的乐趣。

⏰ 20~25分钟
1人份

- □ 黑麦面包（或吐司）2片
- □ 鸡里脊肉3块（75 g）
- □ 圆生菜2片（手掌大小，30 g）
- □ 蓝莓干（或葡萄干）1大勺（10 g）
- □ 桃仁片1大勺（5 g）
- □ 食用油（葡萄籽油或菜籽油）1小勺
- □ 食盐⅙小勺
- □ 胡椒粉少许

咖喱蛋黄抹酱

- □ 蛋黄酱1½大勺
- □ 蜂蜜½大勺

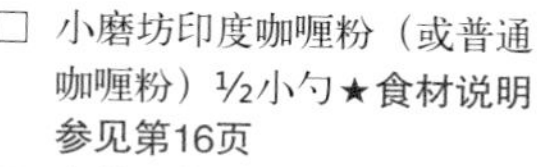

- □ 小磨坊印度咖喱粉（或普通咖喱粉）½小勺★食材说明参见第16页
- □ 食盐⅙小勺
- □ 柠檬汁½小勺

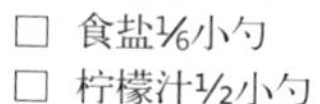

准备抹酱及馅料

1

把抹酱食材放入小碗搅拌均匀。

2

把圆生菜用凉水洗净后用漏勺沥干，并加工成面包大小。

3

把黑麦面包放入烧热的平底煎锅（或平底锅），中火翻烤1分钟后备用。

4

在烧热的平底锅中倒入少许食用油，放入鸡里脊肉，撒上食盐和胡椒粉，中小火翻烤4分钟至微黄即可。

★可根据鸡肉的厚度调整煎烤时间。

5

待鸡里脊肉不烫手时用手撕开。

6

把鸡里脊肉、蓝莓干、桃仁片放入小碗，留下要抹在面包上的抹酱（2大勺），把剩下的抹酱和碗中的食材搅拌均匀制成鸡里脊肉馅料。

❶ 在每片黑麦面包的一面抹上½的抹酱。

❷ 把圆生菜放在一片面包上。

❸ 最后放上鸡里脊肉馅料，用另外一片面包盖住。

三文鱼饼三明治

不喜欢吃油腻汉堡包的朋友不妨尝一下用三文鱼代替汉堡包肉饼的三明治。口感爽脆的洋葱和黄瓜，会带给你意外的惊喜。这款三明治的特别之处在于即使凉吃也不会有腥味。

20~25分钟
1人份

- ☐ 汉堡包面包1~2片（20 g）
- ☐ 熏制三文鱼片6～7片（135 g）
- ☐ 大葱约7cm（15 g）
- ☐ 紫洋葱圈（或洋葱圈）⅛个（25 g）
- ☐ 黄瓜6片（¼根，50 g）
- ☐ 生菜1～2片（20 g）
- ☐ 柠檬汁½小勺
- ☐ 食盐少许
- ☐ 胡椒粉少许
- ☐ 食用油（葡萄籽油或菜籽油）

蛋黄芥末抹酱

- ☐ 蛋黄酱1大勺
- ☐ 芥末酱1大勺
- ☐ 白糖½小勺

第一阶段 准备抹酱及馅料

1

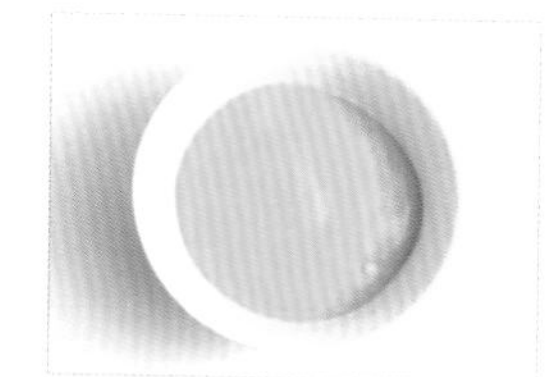

把抹酱食材放入小碗搅拌均匀。

2

汉堡包面包内侧朝下放入烧热的平底锅，中小火煎1.5分钟后备用。

3

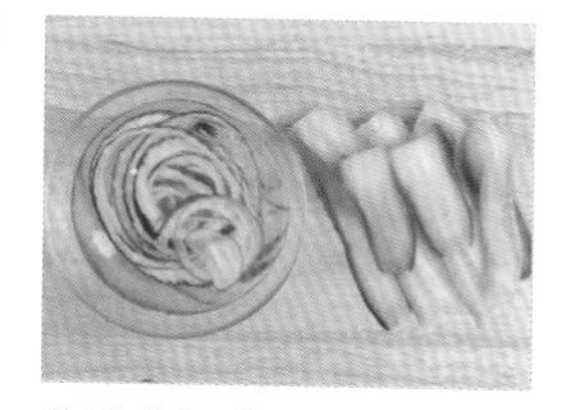

紫洋葱切成细圈，在凉水里浸泡10分钟后捞出沥干。黄瓜用削皮器削成薄片。

4

分别把烟熏三文鱼片和大葱切成末，生菜用凉水洗净后沥干。

5

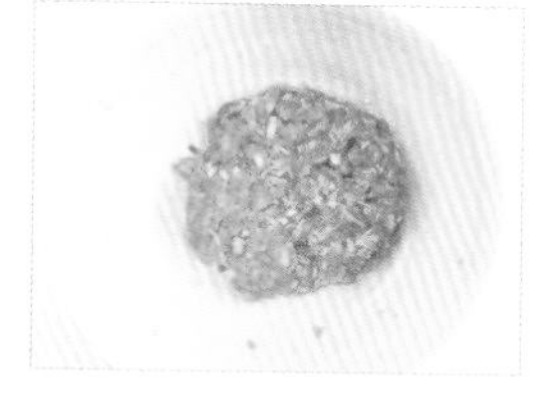

把烟熏三文鱼、葱末、柠檬汁、食盐、胡椒粉放入碗中搅拌均匀并上劲后，做成比面包稍大一点儿的圆形鱼饼。

6

在烧热的平底锅中倒入少许食用油，放入三文鱼饼，中小火煎2分钟，翻面继续煎1.5分钟。

第二阶段 制作三明治

❶ 在每片汉堡包面包的内侧抹上½的抹酱。

❷ 把生菜放在一片面包上。

❸ 把三文鱼饼放在上面。

❹ 把黄瓜放在上面。

❺ 最后放上洋葱，用另外一片面包盖住。

搞定!

☆Tip

三文鱼饼为什么要比面包大？ 鱼饼煎烤时会流失一些蛋白质而变小变厚，所以煎烤之前鱼饼的直径要比面包大1 cm左右，这样做出的鱼饼才和面包的大小一致。

黄瓜虾仁三明治

这款三明治的原料是饱满的虾仁和口感爽脆的黄瓜。制作方法非常简单，可以把它当作孩子们的加餐。

鳄梨番茄三明治

如果想把三明治当作正餐，不妨选择鳄梨番茄三明治。这款三明治里有鳄梨、番茄和鸡蛋，营养非常丰富。

黄瓜虾仁三明治

15~20分钟
1人份

- ☐ 羊角面包1个
- ☐ 冷冻生虾仁10只（120 g）
- ☐ 黄瓜3~4片（约⅙根，30 g）

蜂蜜芥末抹酱

- ☐ 蛋黄酱2大勺
- ☐ 芥末酱½大勺
- ☐ 柠檬汁1小勺
- ☐ 蜂蜜1小勺

第一阶段 准备抹酱及馅料

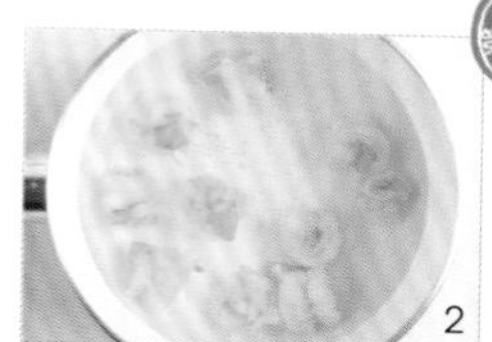

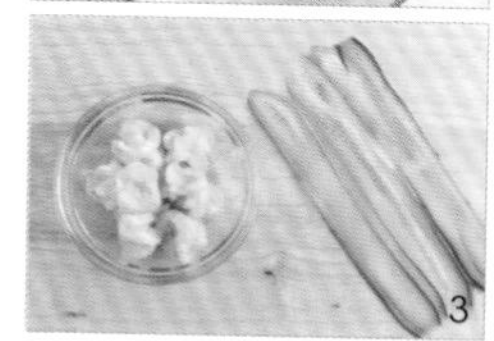

1 把抹酱食材搅拌均匀。羊角面包水平切至¾深。把冷冻生虾仁放在盐水（水2杯+食盐½小勺）里浸泡10分钟，待其解冻后用清水冲洗。

2 把虾仁放入开水（3杯）里煮1分钟，浸泡在凉水中冷却后用漏勺沥干。

3 留下要抹在面包上的抹酱（2大勺），把其余抹酱和虾仁搅拌均匀做成馅料。黄瓜用削皮器削成薄片。

☆Tip

虾仁的改刀方法

在虾仁背部切出较深的刀口，这样焯水时虾仁会自动展开，不仅可以更加入味，口感也会变得更好。

第二阶段 制作三明治

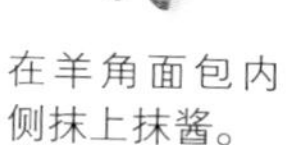

❶ 在羊角面包内侧抹上抹酱。

❷ 把黄瓜填入面包。

❸ 最后填入虾仁馅料，合上面包。

搞定!

鳄梨番茄三明治

20~25分钟
1人份

- ☐ 贝果1个
- ☐ 鸡蛋1个
- ☐ 鳄梨¼个（40 g）
- ☐ 番茄3片
- ☐ 柠檬汁1小勺
- ☐ 食盐少许

洋葱奶油奶酪抹酱

- ☐ 奶油奶酪2大勺
- ☐ 洋葱末2小勺

第一阶段 准备抹酱及馅料

1 把抹酱食材放入小碗搅拌均匀。贝果水平切成两半。

2 在烧热的平底锅中放入贝果，中火翻烤1.5分钟。

3 锅中放入鸡蛋和水，水以没过鸡蛋为宜，大火烧开后关火，盖盖儿闷12分钟。

4 把番茄片放在厨房纸巾上撒入食盐吸去水分。鳄梨剥皮后切成厚0.7 cm的片，撒上柠檬汁。煮鸡蛋按照图中形状分成4等份。★鳄梨的加工方法参见第29页。

☆Tip

过熟的鳄梨该怎么处理？

把一个鳄梨放入玻璃碗碾碎，然后加入1/10个量的洋葱末（20g）、1大勺柠檬汁、½大勺辣酱油、⅓小勺食盐、少许胡椒粉，然后搅拌均匀做成抹酱。

第二阶段 制作三明治

❶ 在每片贝果的一面抹上½的抹酱。

❷ 把鳄梨放在一片贝果上。

❸ 把番茄片放在上面。

❹ 最后放上鸡蛋，用另外一片贝果盖住。

搞定!

墨西哥虾仁三明治

把富有弹性的虾仁和辣椒面一同炒制，然后配上鳄梨，用薄饼包起来就做成了这款很有特色的三明治。制作这款三明治也可使用夏巴塔等口感柔和的面包。

⏰ 20~25分钟
🥕 1人份

- □ 薄饼1张（20 cm）
- □ 冷冻生虾仁8只（100 g）
- □ 切片奶酪（切德干酪）1片
- □ 紫洋葱（或白洋葱）1/20个（10 g）
- □ 番茄2片
- □ 生菜（或圆生菜）1~2片（10 g）
- □ 辣椒面1/2小勺（或细辣椒面，可省略）★食材说明参见第16页
- □ 食盐少许
- □ 食用油（葡萄籽油或菜籽油）2小勺
- □ 香菜2~3根（可省略）★食材说明参见第15页
- □ 酸奶油3大勺（或固体酸奶2大勺+洋葱末2小勺）★食材说明参见第17页

鳄梨抹酱

- □ 鳄梨1/2个（80 g）
- □ 柠檬汁1小勺
- □ 食盐1/8小勺
- □ 胡椒粉少许

准备抹酱及馅料

1

鳄梨剥皮去籽后剁成碎末，连同剩余的抹酱食材放入碗中搅拌均匀做成抹酱。★鳄梨的处理方法参见第29页。

2

把薄饼放入烧热的平底锅，中火翻烤1.5分钟。

3

把冷冻生虾仁放入淡盐水（2杯水+食盐1/2小勺）中浸泡10分钟解冻，然后用流水冲洗。

4

紫洋葱切成细圈，然后浸泡在凉水中清除辣味。番茄片切成两等份，然后放在厨房纸巾上撒盐（1/6小勺）吸去水分。

5

生菜用凉水洗净后用漏勺沥干。切片奶酪切成碎末。

6

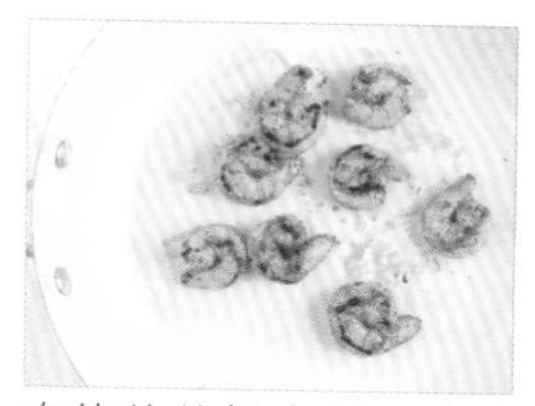

在烧热的锅中倒入少许食用油，放入虾仁、辣椒面、食盐（1/8小勺），中小火炒2分钟。

❶ 在薄饼上抹上抹酱。

❷ 把生菜放在上面。

❸ 把番茄和紫洋葱放在上面。

❹ 把炒虾仁放上面。

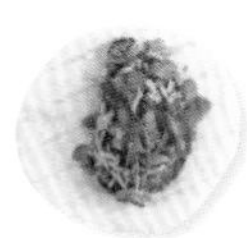

❺ 把切碎的奶酪和香菜放在上面。

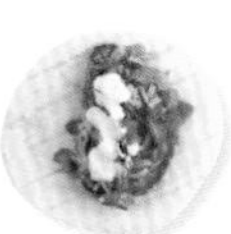

❻ 最后放上酸奶油，把薄饼的两边卷起来。

☆Tip

薄饼的处理方法 薄饼是用面粉或玉米粉制作的薄煎饼，可以在大型超市的速冻区买到。使用前要先加热，这样可以去除多余的水分和面本身的酸味。

烤蔬菜照烧三明治

这是一款没有放肉，只用足量蔬菜制作的三明治。把喜欢吃的蔬菜烤制后用香甜的照烧调味汁酱一下，然后加上一片奶酪，就能做出绝不亚于调味烤肉的三明治了。

15~20分钟
1人份

- ☐ 黑麦吐司（或吐司）2片
- ☐ 茄子约¼个（40 g）
- ☐ 洋葱圈1/10个量（20 g）
- ☐ 栉瓜1/10个（50 g，或西葫芦1/5个）
- ☐ 香菇1个（25 g）
- ☐ 切片奶酪（豪达干酪或切德干酪）1片
- ☐ 红生菜3片（30 g）
- ☐ 食用油（葡萄籽油或菜籽油）1大勺

照烧调味汁
- ☐ 白糖1小勺
- ☐ 酿造酱油2小勺
- ☐ 料酒1小勺

抹酱
- ☐ 蛋黄酱1大勺

准备抹酱及馅料

1

在烧热的平底锅中倒入少许食用油，放入吐司，中小火翻烤1.5分钟后备用。

2

茄子和洋葱按照图中形状切成厚0.5 cm的片。

3

栉瓜和香菇按照图中形状切成厚0.5 cm的片。

4

红生菜用凉水洗净后用漏勺沥干。把照烧调味汁食材放入小碗搅拌均匀。

5

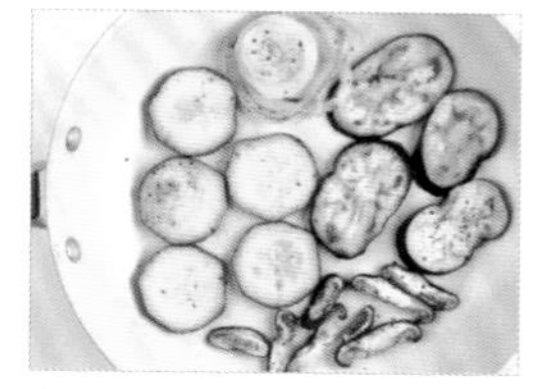

在烧热的平底锅中倒入少许食用油，放入蔬菜，中大火翻烤2分钟至焦黄。

6

在锅中倒入照烧调味汁酱30秒，制成照烧蔬菜。

❶ 在黑麦吐司的一面抹上½的抹酱。

❷ 把红生菜放在一片吐司上。

❸ 把照烧蔬菜放在上面。

❹ 最后放上切片奶酪，用另外一片吐司盖住。

☆Tip

怎样使烤蔬菜照烧三明治更加丰盛？ 如果光放蔬菜感觉缺点什么，可把鸡胸肉或牛肉煎烤后用照烧调味汁酱一下，放入三明治。此时，照烧调味汁要做1.5倍的量。在烧热的平底锅中倒入少许食用油，放入鸡胸肉（½块，50 g）或牛肉（50 g），撒上食盐和胡椒粉，中小火烤2分钟。把烤肉放入翻烤好的蔬菜里，倒入照烧调味汁酱0.5~1分钟即可。

Chapter 3

趁热才好吃的焗烤三明治

最近咖啡厅里最流行的美食之一就是趁热吃的焗烤三明治。这种三明治一般都是现做现吃，非常适合当作早午餐或正餐。本章会介绍一些在家也能轻松制作的焗烤三明治。最好使用像夏巴塔那样有弹性或不是很薄的面包。制作时，如果馅料里的奶酪或肉类是冰冷的，那么就算面包烤热了，也很难与馅料完美融合，所以最好提前把食材从冰箱里拿出来，等它们恢复至室温再用。做焗烤三明治时我习惯使用加热后会格外味美的比萨奶酪碎，而切片奶酪更适合用来制作冷三明治。

香橙酱吐司

小时候我特别喜欢吃香橙酱，所以现在每次吃香橙酱，我就会有一种回到童年的感觉。橙子的清香会让人感觉轻松愉快。

红薯焗烤三明治

如果想吃口感柔和、没有刺激感的三明治，红薯焗烤三明治应该是不错的选择。柔软的红薯、香甜的苹果酱和筋道的葡萄干融合在一起的味道实在是太美妙了！如果再配上一杯热茶，那就更完美了。

香橙酱吐司

10~15分钟
1人份

- □ 吐司2片
- □ 香橙酱2小勺
- □ 室温黄油2小勺

抹酱

- □ 奶油奶酪4小勺

Tip
抹上香橙酱，再放点儿桃仁片或开心果也是不错的选择。

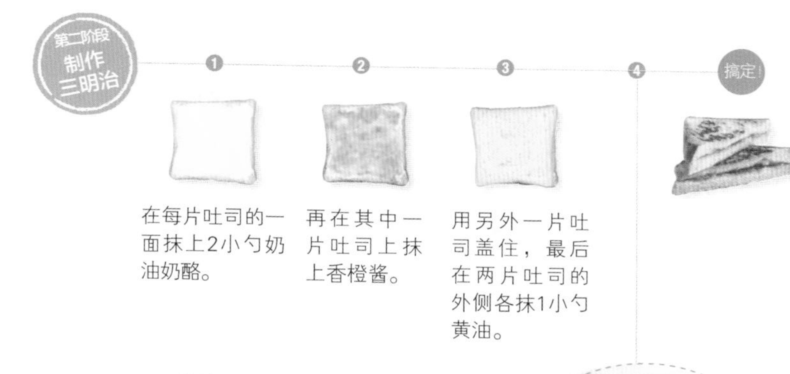

❶ 在每片吐司的一面抹上2小勺奶油奶酪。

❷ 再在其中一片吐司上抹上香橙酱。

❸ 用另外一片吐司盖住，最后在两片吐司的外侧各抹1小勺黄油。

❹ 煎烤：把三明治放入烧热的平底锅，小火翻烤5分钟，烤至面包外酥里嫩即可。

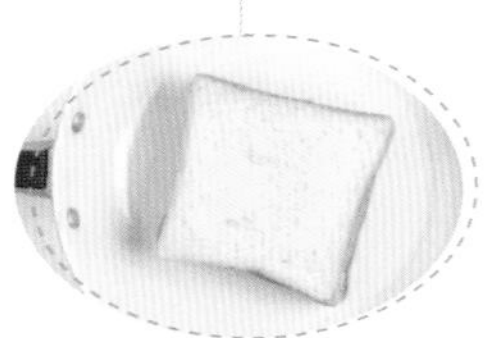

红薯焗烤三明治

20~25分钟
1人份

- □ 黑麦面包（或吐司）2片
- □ 红薯½个（100 g）
- □ 切片奶酪（埃丹干酪或切德干酪）1片
- □ 比萨奶酪碎⅓杯（30 g）
- □ 葡萄干2小勺（7 g）
- □ 食盐⅙小勺

抹酱

- □ 杏酱（或苹果酱）2大勺

第一阶段 准备抹酱及馅料

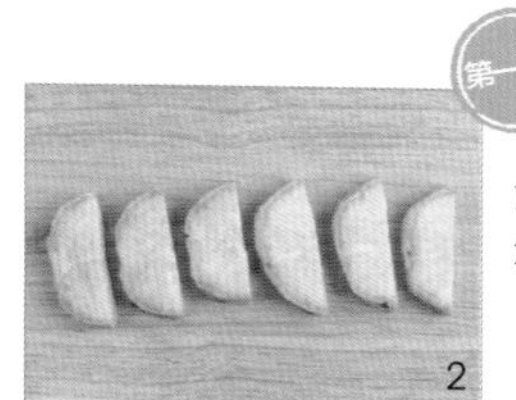

1 烧热平底煎锅及帕尼尼煎板。
2 红薯放入耐热容器后倒入水（¼杯），用保鲜膜包住后放入微波炉（700 W）加热7分钟。取出后切成厚1 cm的片，撒上食盐。

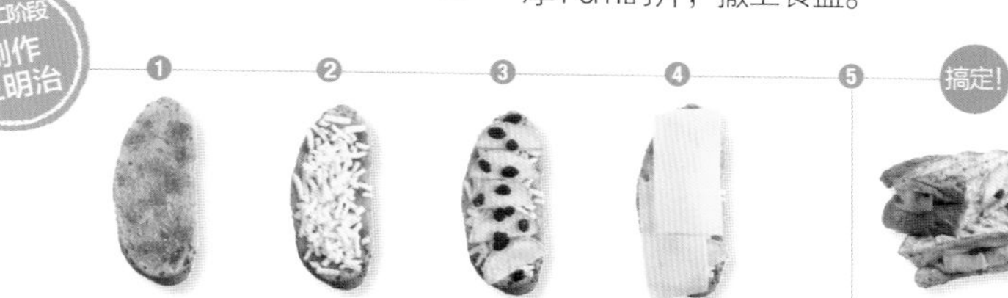

❶ 在每片黑麦面包的一面抹上1大勺杏酱。

❷ 把奶酪碎放在一片面包上。

❸ 把红薯和葡萄干放在上面。

❹ 最后放上切片奶酪，用另外一片面包盖住。

❺ 煎烤：把三明治放入烧热的平底煎锅，开小火用帕尼尼煎板边按压边煎，正反面各煎3分钟。
★没有帕尼尼煎板时，用铲子或干净的小平底锅边按压边煎3分钟即可（第29页）。

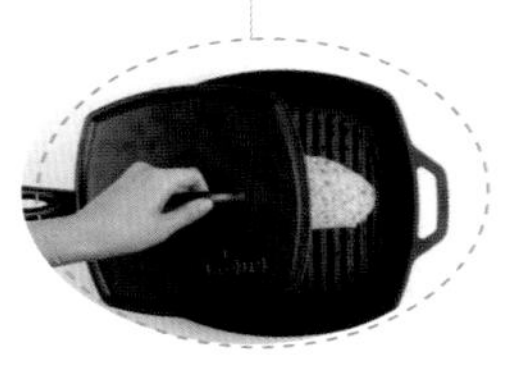

Tip
搭配哪种抹酱？ 红薯的口感比较绵软，因此比起葡萄酱、草莓酱等味道强烈的抹酱，杏酱、桃酱、苹果酱等有着淡淡甜味的抹酱更适合与之搭配。

戈尔根朱勒干酪核桃焗烤三明治

喜欢吃戈尔根朱勒干酪的人应该非常喜欢这款三明治。戈尔根朱勒干酪带有咸味和特殊的香味，与香酥的核桃和香甜的蜂蜜非常相配。

⏰ 15~20分钟
🥕 1人份

☐ 夏巴塔1个（或厚吐司2片）
☐ 戈尔根朱勒干酪（或奶油奶酪）30 g★食材说明参见第13页
☐ 比萨奶酪碎⅔杯（65 g）
☐ 核桃仁2个（13 g）
☐ 蜂蜜2大勺

抹酱

☐ 室温黄油2小勺

准备抹酱及馅料

1

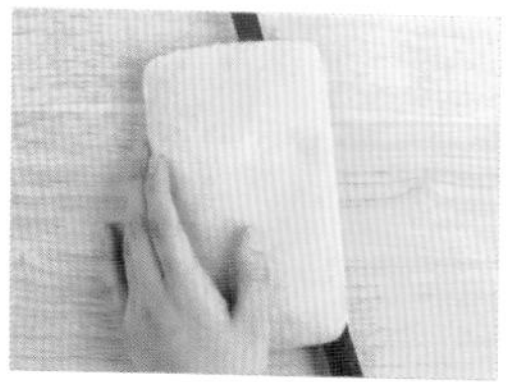

烧热平底煎锅及帕尼尼煎板。将夏巴塔水平切成两半。

2

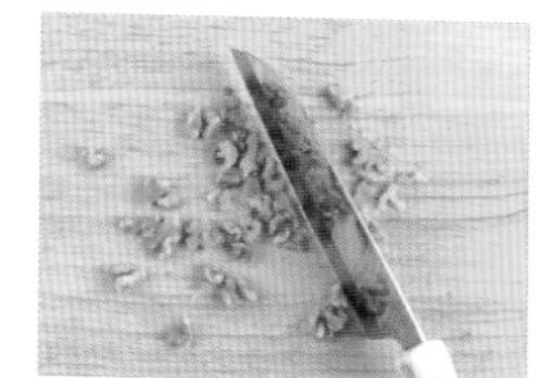

核桃仁剁成小块。

3

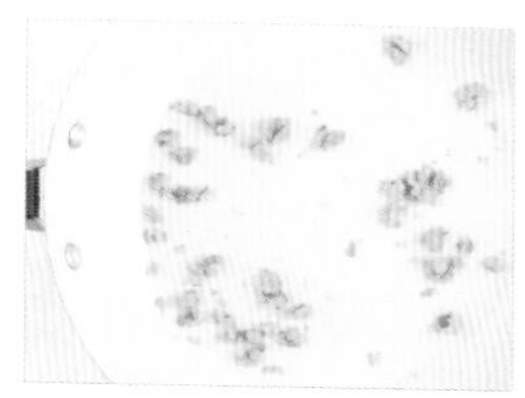

把核桃仁放入烧热的平底锅，中小火炒2分钟至表面焦黄。

4

把戈尔根朱勒干酪撕成一口大小。

❶ 在每片夏巴塔的一面抹1小勺黄油。

❷ 把奶酪碎放在一片面包上。

❸ 把核桃仁放在上面。

❹ 最后把戈尔根朱勒干酪放在上面，用另外一片面包盖住。

❺ 煎烤：把三明治放入烧热的平底煎锅，开小火用帕尼尼煎板边按压边煎，正反面各煎3分钟。把烤好的三明治盛到盘子里，淋入蜂蜜，或另外盛一小碟蜂蜜蘸着吃。

★没有帕尼尼煎板时，放入三明治后，用铲子或干净的小平底锅边按压边煎3分钟即可（第29页）。

奶酪苹果酸辣酱烤三明治

放入苹果和三种奶酪的三明治吃起来味道柔和香甜，而不时能嚼到的胡椒粒还会带给你惊喜。如果不喜欢胡椒粒，可以用核桃等坚果代替。拿这款三明治当作喝啤酒或葡萄酒时的下酒菜也非常不错。

20~25分钟
1人份

- □ 夏巴塔1个（或厚吐司2片）
- □ 切片奶酪（埃丹干酪或切德干酪）1片
- □ 比萨奶酪碎½杯（50 g）
- □ 帕尔玛干酪8g（或帕尔玛干酪粉1大勺）★食材说明参见第13页

苹果酸辣酱

- □ 苹果¾个（60 g）
- □ 胡椒粒4粒（可省略）
- □ 红糖2大勺
- □ 水4大勺
- □ 肉桂粉¼小勺（可省略）

第一阶段 准备抹酱及馅料

1

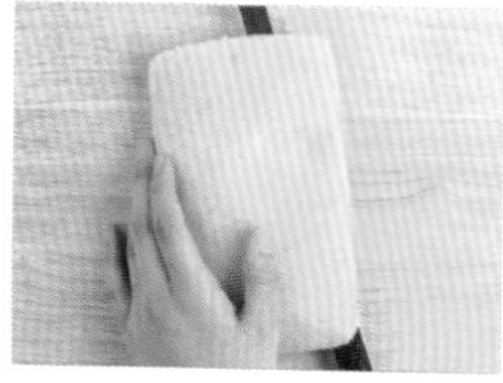

烧热平底煎锅及帕尼尼煎板。将夏巴塔水平切成两半。

2

苹果削皮，清除果核后切成0.3 cm见方的小块。

3

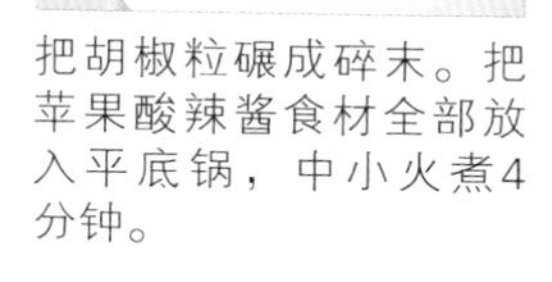

把胡椒粒碾成碎末。把苹果酸辣酱食材全部放入平底锅，中小火煮4分钟。

4

帕尔玛干酪用削皮器削片或用刀切成薄片。

第二阶段 制作三明治

❶ 在每片夏巴塔的一面抹3大勺苹果酸辣酱。

❷ 把奶酪碎放在一片面包上。

❸ 把切片奶酪放在上面。

❹ 最后放上帕尔玛干酪，用另外一片面包盖住。

❺

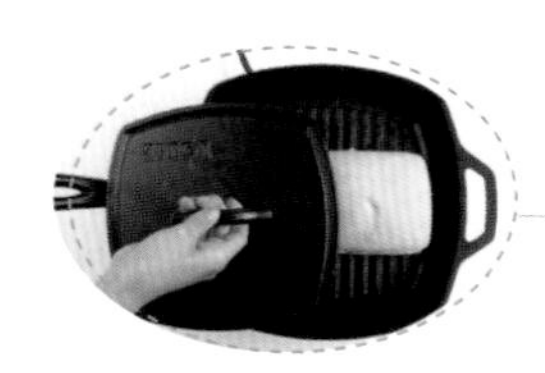

煎烤：把三明治放入烧热的平底煎锅，开小火用帕尼尼煎板边按压边煎，正反面各煎3分钟。
★没有帕尼尼煎板时，放入三明治后，用铲子或干净的小平底锅边按压边煎3分钟即可（第29页）。

搞定！

☆**Tip**

如何保存剩下的苹果酸辣酱？ 剩下的苹果酸辣酱要放入容器中密封冷藏保存，能存放10天左右。苹果酸辣酱可以用烤面包片或饼干蘸着吃，也可以搭配炒猪肉或炒鸡肉食用。

牛肉蘑菇焗烤三明治

做三明治的时候不妨试试绵软轻薄的烤肉用牛肉，这样制成的三明治非常容易咬开。美味的牛排调味汁加上香味独特的蘑菇，再配以香浓的奶酪绝对会让你赞不绝口。

⏰ 15~20分钟
🥕 1人份

- □ 黑麦面包（或厚吐司）2片
- □ 烧烤用牛肉70 g
- □ 平菇1把（50 g）
- □ 切片奶酪（切德干酪）1片
- □ 比萨奶酪碎⅔杯（65 g）
- □ A1酱汁（或猪排调味汁、牛排调味汁）1大勺★食材说明参见第16页
- □ 食用油（葡萄籽油或菜籽油）4小勺
- □ 食盐少许
- □ 胡椒粉少许

抹酱

- □ 室温黄油2小勺

准备抹酱及馅料

1

烧热平底煎锅及帕尼尼煎板。平菇去掉根部，用手一条一条地撕下来。

2

在烧热的平底锅中倒入2小勺食用油，放入平菇，撒上食盐和胡椒粉后中火炒2分钟至平菇变成褐色，然后盛盘备用。

3

在步骤2的平底锅中倒入2小勺食用油，放入牛肉，撒上食盐和胡椒粉后中火炒1分钟。

4

放入A1酱汁继续炒1分钟。

❶ 在每片黑麦面包的一面抹上小1勺黄油。

❷ 把奶酪碎放在一片面包上。

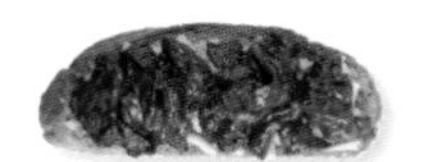

❸ 把炒牛肉放在上面。

❹ 把炒蘑菇放在上面。

❺ 最后放上切片奶酪，用另外一片面包盖住。

❻

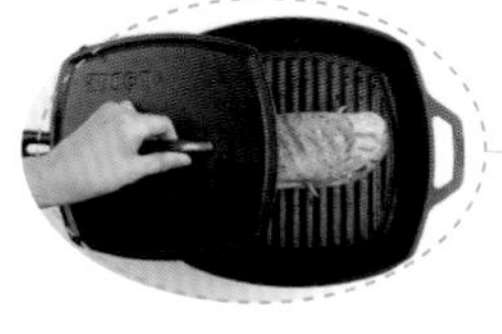

煎烤：把三明治放入烧热的平底煎锅，开小火用帕尼尼煎板边按压边煎，正反面各煎3分钟。

★没有帕尼尼煎板时，放入三明治后，用铲子或干净的小平底锅边按压边煎3分钟即可（第29页）。

搞定！

烤彩椒焗烤三明治

用明火烤制彩椒后剥掉外皮，能使彩椒带有熏香，加上彩椒原有的香甜味道，会使原本普通的彩椒变得非常特别。再加上一片奶酪能使彩椒的味道更加丰富。

⏰ 20~25分钟
🥕 1人份

- □ 夏巴塔1个（或厚吐司2片）
- □ 彩椒1个（200 g）
- □ 切片奶酪（豪达干酪或切德干酪）1片
- □ 比萨奶酪碎⅔杯（65 g）
- □ 意大利欧芹1~2根（或欧芹粉少许，可省略）★食材说明参见第15页
- □ 食盐⅙小勺
- □ 胡椒粉少许

抹酱

- □ 意大利面番茄酱1大勺
- □ 蛋黄酱2小勺

准备抹酱及馅料

1

烧热平底煎锅及帕尼尼煎板。将夏巴塔水平切成两半。

2

彩椒用夹子夹住或用筷子插好，打开灶具直接用火烧烤。

3

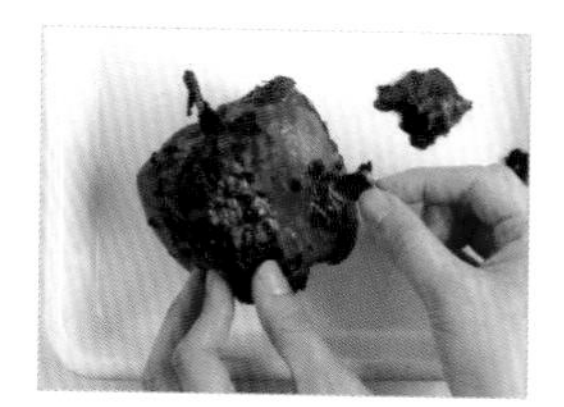

把烤好的彩椒放入碗中，用保鲜膜包住，放置5分钟，然后剥净外皮。★把彩椒烧黑后剥掉外皮，不仅能去掉烧焦的硬皮，还能使彩椒更加香甜，并带有熏香。

4

把彩椒切成4~5等份，撒上食盐和胡椒粉调味。切片奶酪加工成面包大小。意大利欧芹摘下叶子备用。

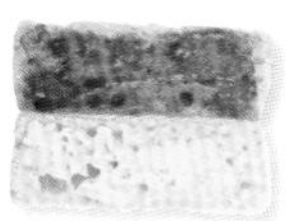

❶ 在一片夏巴塔上抹上意大利面番茄酱，另一片面包抹上蛋黄酱。

❷ 在抹上番茄酱的面包上撒上奶酪碎。

❸ 把彩椒与意大利欧芹的叶子放在上面。

❹ 最后放上切片奶酪，用另外一片面包盖住。

❺

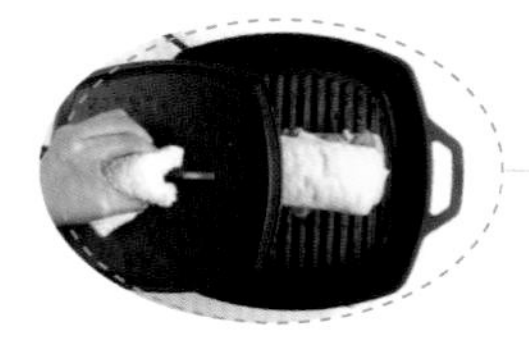

煎烤：把三明治放入烧热的平底煎锅，开小火用帕尼尼煎板边按压边煎，正反面各煎3分钟。
★没有帕尼尼煎板时，放入三明治后，用铲子或干净的小平底锅边按压边煎3分钟即可（第29页）。

搞定！

先生三明治（法式烤芝士火腿三明治）

这款三明治的英文名是croque-monsieur，是croquant（酥脆）与monsieur（大叔）的合成词。据说一位法国工人把装有三明治饭盒放在暖炉上，吃饭的时候打开一看，奶酪熔化了，面包变得又酥又脆，于是先生三明治就诞生了。

夫人三明治（法式烤芝士火腿煎蛋三明治）

在先生三明治上放一个荷包蛋，酷似夫人的帽子，于是人们把这种三明治称为夫人三明治。我们可以用吐司或贝果等多种面包制作这款三明治。

先生三明治

15~20分钟
1人份

- □ 吐司2片
- □ 切片火腿2片（24g）
- □ 格律耶尔干酪25g（或切片奶酪1片，比萨奶酪碎⅓杯）
  ★食材说明参见第13页
- □ 胡椒粉少许
- □ 室温黄油2小勺

抹酱
- □ 蛋黄酱1大勺
- □ 第戎芥末酱（或芥末酱）2小勺★食材说明参见第21页

准备抹酱及馅料

1 在一片吐司的内侧抹上蛋黄酱，另外一片吐司的内侧抹上第戎芥末酱。格律耶尔干酪切成薄片。

第二阶段 制作三明治

① 把切片火腿放在抹蛋黄酱的吐司上。

② 撒上胡椒粉。

③ 把格律耶尔干酪放在上面。

④ 用抹第戎芥末酱的吐司盖住，最后在三明治的正反两面分别抹上1小勺黄油。

⑤

煎烤：把三明治放入烧热的平底锅，中小火翻烤1.5分钟。

搞定！

夫人三明治

15~20分钟
1人份

- □ 酸面团面包（或斜切的法棍）2片
- □ 切片火腿2片（24g）
- □ 格律耶尔干酪25g（或切片奶酪1片，比萨奶酪碎⅓杯）
  ★食材说明参见第13页
- □ 鸡蛋1个
- □ 食用油（葡萄籽油或菜籽油）2小勺
- □ 胡椒粉少许
- □ 欧芹粉少许（装饰用，可省略）

抹酱
- □ 蛋黄酱1大勺
  第戎芥末酱（或芥末酱）2小勺
  ★食材说明参见第21页

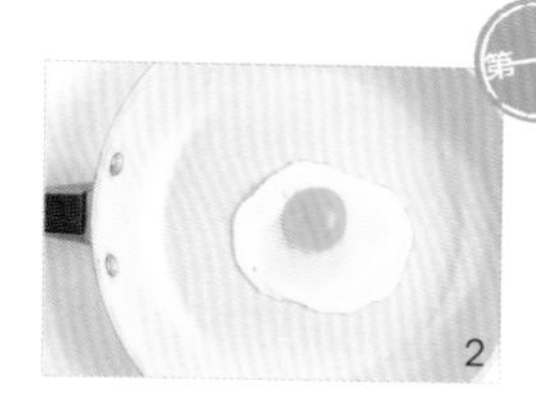

第一阶段 准备抹酱及馅料

1 烤箱预热到180℃（小烤箱为170℃）。把酸面团面包水平切成两半，在一片的内侧抹上蛋黄酱，另一片的内侧抹上第戎芥末酱。格律耶尔干酪切成薄片。

2 在烧热的平底锅中倒入少许食用油，打入一个鸡蛋，中火煎制1.5分钟。

第二阶段 制作三明治

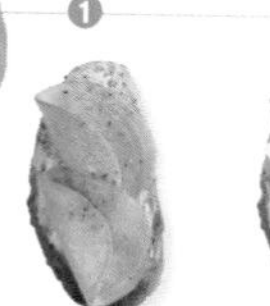

① 在抹蛋黄酱的面包上放2片切片火腿，然后撒上胡椒粉。

② 把½的格律耶尔干酪放在上面。

③ 用抹第戎芥末酱的面包盖住，然后放入剩余的格律耶尔干酪。

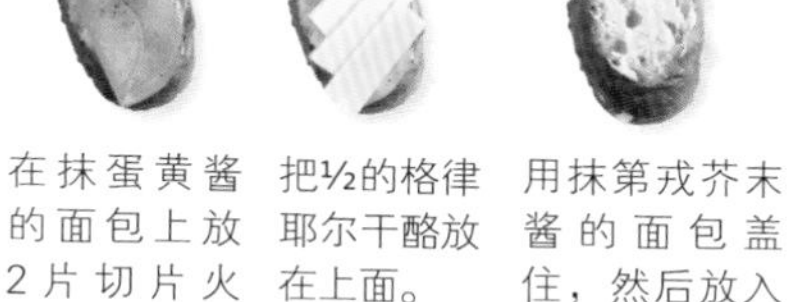

④

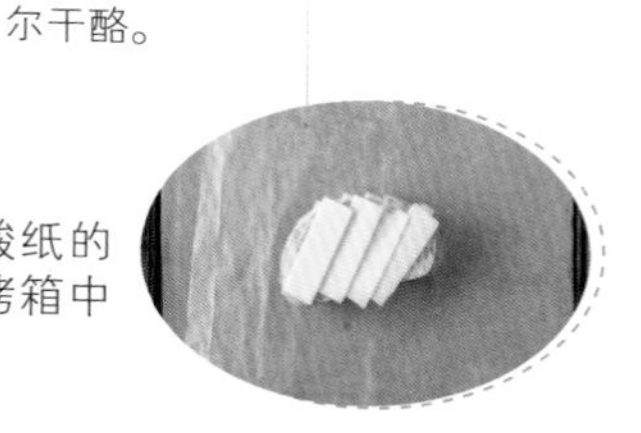

烤制：把三明治放入铺有硫酸纸的烤盘。把烤盘放入预热好的烤箱中层烤5分钟。

⑤ 把荷包蛋放在刚烤出来的面包上，最后撒上欧芹粉。

搞定！

黑豆莎莎酱焗烤三明治

用墨西哥黑豆和辣椒面炒制的黑豆莎莎酱是墨西哥菜中经常出现的调味料。搭配香香的奶酪和香菜，就制成了这款异国风味的三明治。

⏰ 20~25分钟
🥕 1人份

- ☐ 夏巴塔1个（或厚吐司2片）
- ☐ 墨西哥黑豆3大勺（60 g）★食材说明参见第17页
- ☐ 洋葱1/5个（40 g）
- ☐ 香菜2~3根（可省略）★食材说明参见第15页
- ☐ 切片奶酪（切德干酪）1片
- ☐ 比萨奶酪碎1/2杯（50 g）
- ☐ 意大利面番茄酱3大勺
- ☐ 食用油（葡萄籽油或菜籽油）2小勺
- ☐ 辣椒面1小勺（或细辣椒面，可省略）★食材说明参见第16页
- ☐ 食盐少许
- ☐ 胡椒粉少许

抹酱

- ☐ 室温黄油2小勺

准备抹酱及馅料

1

烧热平底煎锅及帕尼尼煎板。将夏巴塔，水平切成两半。墨西哥黑豆用漏勺沥干。

2

洋葱和香菜切成碎末。

3

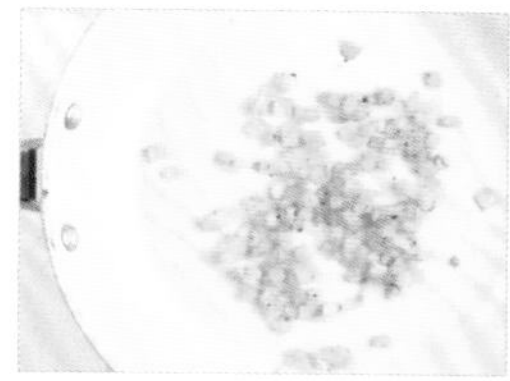

在烧热的锅中倒入少许食用油，放入洋葱，撒上食盐和胡椒粉，中火炒1.5分钟至洋葱焦黄。

4

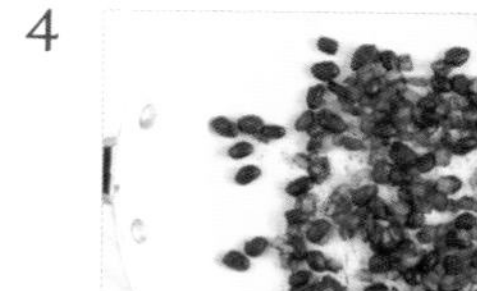

放入墨西哥黑豆和辣椒面继续炒30秒。

5

最后放入意大利面番茄酱炒40秒，即做成了黑豆莎莎酱。

❶ 在每片夏巴塔的一面抹上1小勺黄油。

❷ 把比萨奶酪碎放在一片面包上。

❸ 把黑豆莎莎酱放在上面。

❹ 把切片奶酪放在上面。

❺ 最后放上香菜叶碎末，用另外一片面包盖住。

❻

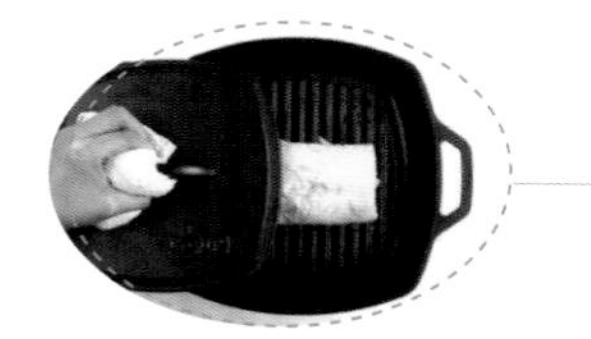

煎烤：把三明治放入烧热的平底煎锅，开小火用帕尼尼煎板边按压边煎，正反面各煎3分钟。

★没有帕尼尼煎板时，放入三明治后，用铲子或干净的小平底锅边按压边煎3分钟即可（第29页）。

搞定！

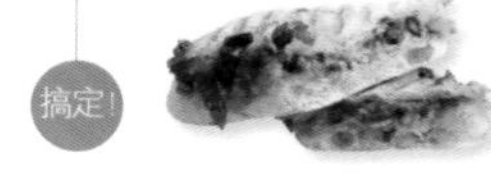

香辣菠菜焗烤三明治

菠菜焯水后制作的三明治营养更加丰富。焯好的菠菜加入番茄酱和辣椒碎炒制后，搭配火腿做成三明治，别有一番风味。

15~20分钟
1人份

- □ 夏巴塔1个（或厚吐司2片）
- □ 菠菜1把（50 g）
- □ 洋葱¼个（50 g）
- □ 切片火腿2片（24 g）
- □ 比萨奶酪碎⅔杯（65 g）
- □ 意大利面番茄酱2大勺
- □ 食用油（葡萄籽油或菜籽油）2小勺
- □ 辣椒碎½小勺（或青阳辣椒碎末½个量）

★食材说明请看第16页

- □ 食盐少许
- □ 胡椒粉少许

抹酱

- □ 室温黄油2小勺

准备抹酱及馅料

1

烧热平底煎锅及帕尼尼煎板。将夏巴塔水平切成两半。

2

将菠菜叶用凉水洗净。洋葱切成厚0.4 cm的细丝。

3

在烧开的盐水（清水5杯+食盐1小勺）中放入菠菜叶焯10秒，用凉水浸泡后捞出挤干。

4

在烧热的平底锅中倒入少许食用油，放入洋葱、辣椒碎、食盐、胡椒粉，中火炒1.5分钟。

5

放入菠菜叶与意大利面番茄酱继续炒30秒。

❶ 在每片夏巴塔的一面抹上1小勺黄油。

❷ 把比萨奶酪碎放在一片面包上。

❸ 把切片火腿放在上面。

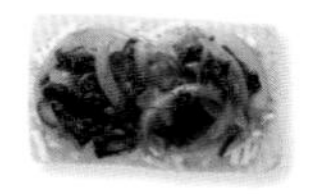

❹ 最后放上炒菠菜叶和洋葱，用另外一片面包盖住。

❺

搞定！

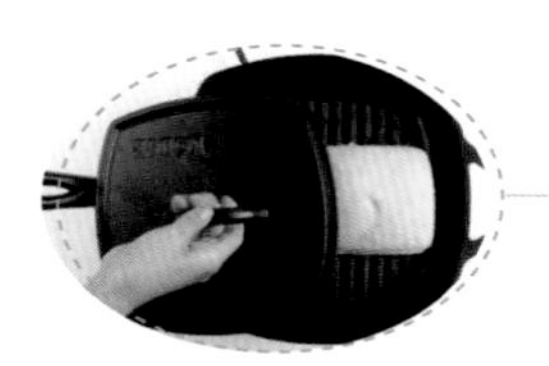

煎烤：把三明治放入烧热的平底煎锅，开小火用帕尼尼煎板边按压边煎，正反面各煎3分钟。

★没有帕尼尼煎板时，放入三明治后，用铲子或干净的小平底锅边按压边煎3分钟即可（第29页）。

烟花女焗烤三明治

所谓“烟花女”是用番茄、黑橄榄、洋葱、大蒜、凤尾鱼、刺山柑、香辛料等意大利菜肴中经常用到的食材做成的意大利面酱汁，这款使用烟花女意大利面酱汁的三明治中含有酸辣食材和柔软的奶酪，口味十分独特。

20~25分钟
1人份

- □ 黑麦夏巴塔1个（或厚吐司2片）
- □ 小西红柿3~4个（50 g）
- □ 大蒜2瓣（或蒜末1大勺）
- □ 黑橄榄5个（18 g）★食材说明参见第17页
- □ 刺山柑1小勺（5 g）★食材说明参见第17页
- □ 腌凤尾鱼2块（6 g）★食材说明参见第17页
- □ 意大利面番茄酱1大勺
- □ 碎辣椒¼小勺（或青阳辣椒末¼个量）★食材说明参见第16页
- □ 比萨奶酪碎⅔杯（65 g）
- □ 帕尔玛干酪4 g（或帕尔玛干酪粉½大勺）★食材说明参见第13页
- □ 橄榄油2小勺
- □ 食盐⅛小勺
- □ 胡椒粉少许

抹酱

- □ 室温黄油2小勺

第一阶段 准备抹酱及馅料

1

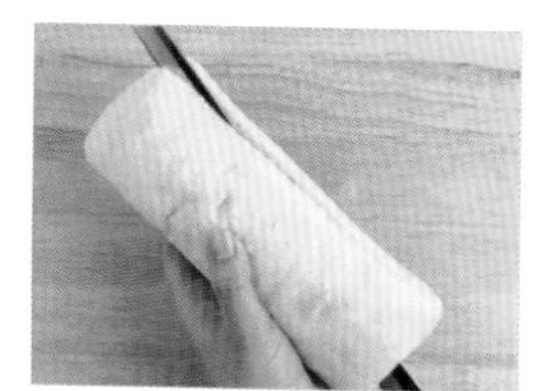

烧热平底煎锅及帕尼尼煎板。将夏巴塔水平切成两半。

2

小西红柿分成四等份，大蒜切成碎末。

3

黑橄榄与辣椒碎切成粗碎末，帕尔玛干酪用擦板擦片或用刀切碎。

4

在烧热的锅中倒入少许橄榄油，放入小西红柿、蒜末、食盐、胡椒粉，中火炒2分钟蒸发掉水分。

5

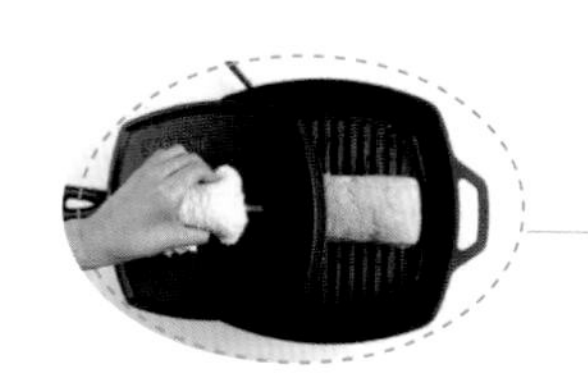

放入黑橄榄、辣椒碎、腌凤尾鱼、意大利面番茄酱、辣椒碎继续炒1分钟。★腌凤尾鱼在炒的过程中会自然散开，不用事先碾碎。

第二阶段 制作三明治

❶ 

在每片黑麦夏巴塔的一面抹上1小勺黄油。

❷ 

把烟花女酱汁放在一片面包上。

❸ 

把比萨奶酪碎放在上面。

❹ 

最后放上帕尔玛干酪，用另外一片面包盖住。

❺ **煎烤：**把三明治放入烧热的平底煎锅，开小火用帕尼尼煎板边按压边煎，正反面各煎3分钟。

★没有帕尼尼煎板时，放入三明治后，用铲子或干净的小平底锅边按压边煎3分钟即可（第29页）。

搞定！

意大利青酱虾仁焗烤三明治

香香的罗勒青酱与口感清淡的虾仁不知有多相配。带有罗勒香气的炒虾仁有没有一种高大上的感觉?

25~30分钟
1人份

- □ 夏巴塔1个（或厚吐司2片）
- □ 冷冻生虾仁8只（120 g）
- □ 洋葱⅕个（40 g）
- □ 松仁2大勺
- □ 比萨奶酪碎⅔杯（65 g）
- □ 帕尔玛干酪8 g（或帕尔妈干酪粉1大勺）★食材说明参见第13页
- □ 意大利面番茄酱2大勺
- □ 意大利罗勒青酱½大勺 ★食材说明参见第20页
- □ 食用油（葡萄籽油或菜籽油）1大勺
- □ 食盐少许
- □ 胡椒粉少许

抹酱

- □ 意大利罗勒青酱1大勺 ★食材说明参见第20页

第一阶段 准备抹酱及馅料

1

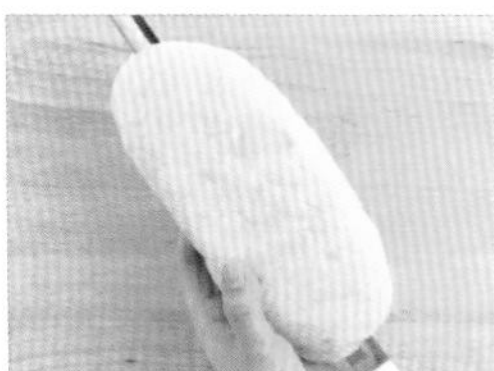

烧热平底煎锅及帕尼尼煎板。将夏巴塔水平切成两半。把冷冻生虾仁在淡盐水（水2杯+食盐½小勺）中浸泡10分钟解冻后用流水洗净。

2

洋葱切成厚0.5 cm的细丝。帕尔玛干酪用擦板擦片或用刀切碎。

3

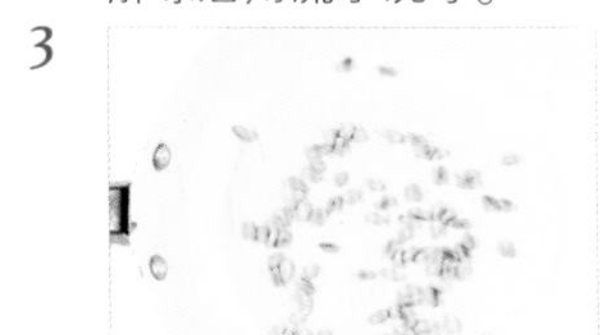

在烧热的平底锅中放入松仁，中小火炒2分钟至微黄后盛盘备用。

4

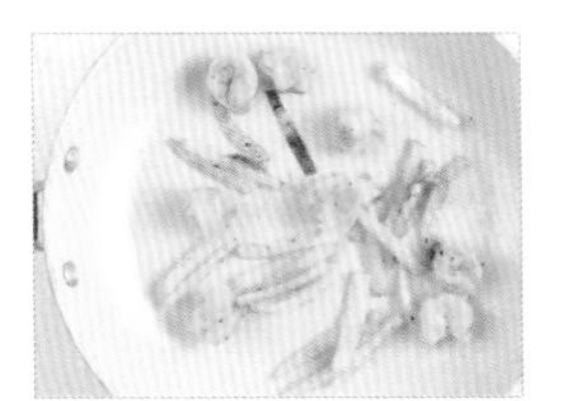

在步骤3的平底锅中倒入少许食用油，放入虾仁与洋葱，撒上食盐与胡椒粉，中小火炒1.5分钟。

5

放入意大利面番茄酱、意大利罗勒青酱（½小勺）和松仁继续炒30秒。

第二阶段 制作三明治

❶ 在每片夏巴塔的一面抹上½大勺意大利罗勒青酱。

❷ 把炒虾仁、洋葱、松仁放在一片面包上。

❸ 把比萨奶酪碎放在上面。

❹ 最后放上帕尔玛干酪，用另外一片面包盖住。

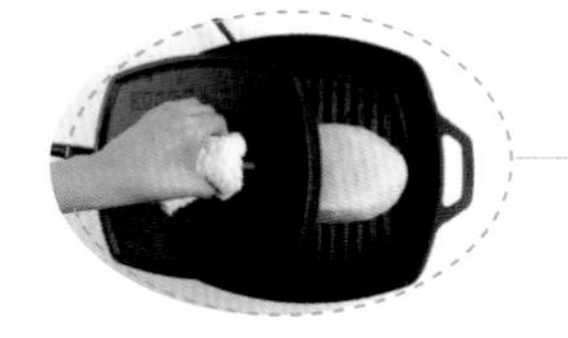

❺ 煎烤：把三明治放入烧热的平底煎锅，开小火用帕尼尼煎板边按压边煎，正反面各煎3分钟。

★没有帕尼尼煎板时，放入三明治后，用铲子或干净的小平底锅边按压边煎3分钟即可（第29页）。

搞定！

炸鸡块焗烤三明治

这款三明治里放的是用鸡里脊肉制作的炸鸡块。搭配酸酸的番茄酱与足量的帕尔玛干酪使这款三明治的口感更加丰富。你也可以用速冻炸鸡块进行制作。

⏰ 20~25分钟
1人份

- □ 夏巴塔1个（或厚吐司2片）
- □ 鸡里脊肉3块（75g）
- □ 比萨奶酪碎⅔杯（65 g）
- □ 帕尔玛干酪4g（或帕尔玛干酪粉½大勺）

★食材说明参见第13页

- □ 意大利面番茄酱4大勺
- □ 鸡蛋1个
- □ 面包屑½杯（25 g）
- □ 欧芹粉少许（可省略）
- □ 食盐⅙小勺
- □ 胡椒粉少许

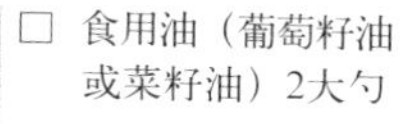

- □ 食用油（葡萄籽油或菜籽油）2大勺

抹酱

- □ 室温黄油2小勺

准备抹酱及馅料

1

烧热平底煎锅及帕尼尼煎板。将夏巴塔水平切成两半。

2

在小锅中放入意大利面番茄酱，中火熬2分钟。

3

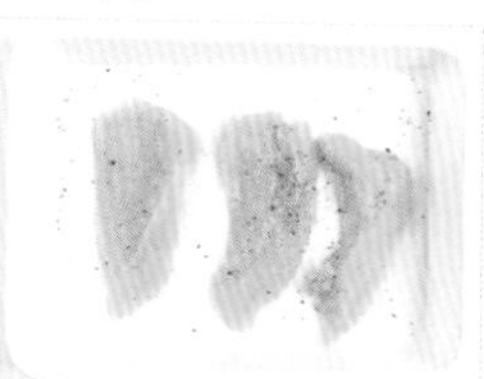

在鸡里脊肉中撒入食盐和胡椒粉。帕尔玛干酪用擦板擦片或用刀切碎。

4

打好鸡蛋，把面包屑与欧芹粉混匀后盛入大盘中。把鸡里脊肉依次蘸上蛋液和面包屑。

5

在烧热的平底锅中倒入少许食用油，放入鸡里脊肉，中小火翻烤4.5分钟至表面焦黄。

❶ 在每片夏巴塔的一面抹上1小勺黄油。

❷ 把比萨奶酪碎放在一片面包上。

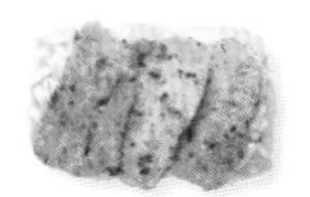

❸ 把煎好的鸡里脊肉放在上面。

❹ 把意大利面番茄酱放在上面。

❺ 最后放上帕尔玛干酪，用另一片面包盖住。

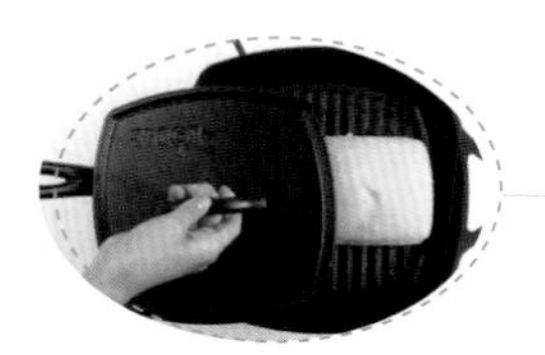

❻ 煎烤：把三明治放入烧热的平底煎锅，开小火用帕尼尼煎板边按压边煎，正反面各煎3分钟。

★没有帕尼尼煎板时，放入三明治后，用铲子或干净的小平底锅边按压边煎3分钟即可（第29页）。

搞定！

泰式牛肉焗烤三明治

这是一款加了绿咖喱酱，具有异域风味的三明治。就像咖喱跟柔和的可可牛奶非常般配一样，咖喱跟比萨奶酪碎也非常般配。如果没有绿咖喱酱，我们可以使用普通的咖喱粉。

⏰ 20~25分钟
1人份

□ 夏巴塔1个（或厚吐司2片）
□ 牛肉里脊45 g
□ 洋葱约1/5个（30 g）
□ 甜椒1/10个（10 g）
□ 比萨奶酪碎1/2杯（50 g）
□ 意大利面番茄酱3大勺
□ 绿咖喱酱（或普通咖喱粉）1小勺★食材说明参见第17页
□ 食用油（葡萄籽油或菜籽油）2小勺

抹酱
□ 室温黄油2小勺

准备抹酱及馅料

I

烧热平底煎锅及帕尼尼煎板。将夏巴塔水平切成两半。洋葱和甜椒切成宽0.5 cm的条。

牛肉切成宽1 cm的条。

把牛肉放入碗中，加入绿咖喱酱搅拌均匀。

在烧热的平底锅中倒入少许食用油，放入牛肉、洋葱和甜椒，中小火炒2.5分钟。

加入意大利面番茄酱，继续炒30秒。

❶ 在每片夏巴塔的一面抹上1小勺黄油。

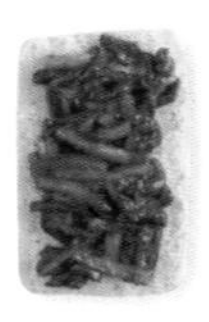

❷ 把炒牛肉和蔬菜放在一片面包上。

❸ 最后放上比萨奶酪碎，用另外一片面包盖住。

❹

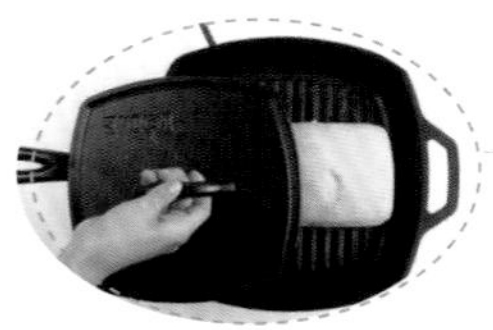

煎烤：把三明治放入烧热的平底煎锅，开小火用帕尼尼煎板边按压边煎，正反面各煎3分钟。
★没有帕尼尼煎板时，放入三明治后，用铲子或干净的小平底锅边按压边煎3分钟即可（第29页）。

搞定!

肉丸焗烤三明治

在三明治中放入肉丸会增添咀嚼的乐趣。你不仅可以品尝到浓郁的肉香，而且每次嚼到肉丸时还能感受到发现宝藏般的惊喜。

20~25分钟
1人份

- □ 夏巴塔1个（或厚吐司2片）
- □ 牛肉馅75g
- □ 洋葱1/6个（30 g）
- □ 甜椒1/3个（30 g）
- □ 比萨奶酪碎2/3杯（65 g）
- □ 意大利面番茄酱2大勺
- □ 食用油（葡萄籽油或菜籽油）4小勺
- □ 食盐少许
- □ 胡椒粉少许

抹酱

- □ 室温黄油2小勺

第一阶段 准备抹酱及馅料

1

烧热平底煎锅及帕尼尼煎板。将夏巴塔水平切成两半。洋葱和甜椒切成宽0.7 cm的粗条。

2

牛肉馅分成8等份，做成直径2 cm的丸子。

3

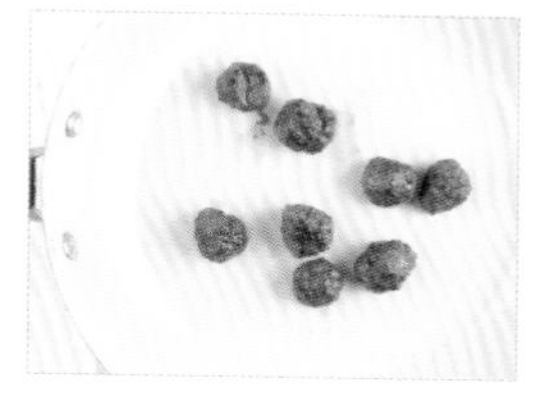

在烧热的平底锅中倒入2小勺食用油，放入肉丸后撒上食盐和胡椒粉。中火边滚边煎2.5分钟至焦黄时关火盛盘。

4

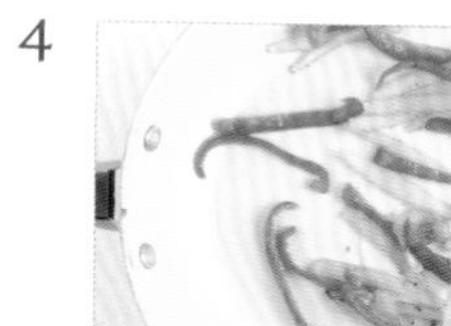

在平底锅中倒入2小勺食用油，放入洋葱和甜椒后撒上食盐和胡椒粉，中火炒2分钟。

5

放入肉丸、意大利面番茄酱，继续中火炒1.5分钟。

第二阶段 制作三明治

❶ 在每片夏巴塔的一面抹上1小勺黄油。

❷ 把肉丸和炒蔬菜放在一片面包上。

❸ 最后放上比萨奶酪碎，用另外一片面包盖住。

❹

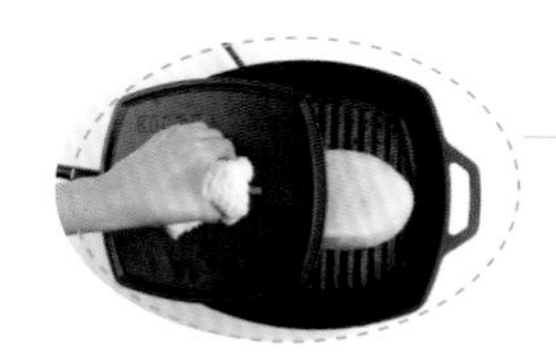

煎烤：把三明治放入烧热的平底煎锅，开小火用帕尼尼煎板边按压边煎，正反面各煎3分钟。

★没有帕尼尼煎板时，放入三明治后，用铲子或干净的小平底锅边按压边煎3分钟即可（第29页）。

搞定！

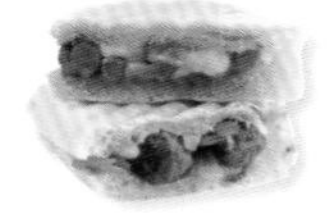

Chapter 4

适合家庭派对的开放式三明治

家里来客人时，开放式三明治是再好不过的前菜和下酒菜。开放式三明治有一口大小的开那批和普切塔，还有把各种食材放在面包片上的三明治等等。可以根据菜单和酒，把面包片换为口感清淡的薄脆饼干、黄瓜片或切成小片的圆生菜，这样放上馅料也非常好吃。下面介绍几款开放式三明治，它们不仅做法简单，而且非常漂亮。

西班牙火腿奶酪卷开那批

西班牙火腿是把整条猪腿腌制后风干的生火腿。它直接生吃就非常好吃，如果搭配奶酪和橄榄油做成开那批，就会显得更有档次。

苹果帕尔玛火腿开那批

西班牙火腿一般搭配甜瓜食用，搭配熟透的苹果也非常好吃。再加点儿芝麻菜，味道就更好了。

西班牙火腿奶酪卷开那批

⏰ 10~15分钟
6人份

- □ 长6 cm的法棍1根
- □ 哈蒙火腿25 g（或可生吃的切片火腿2片）
  ★食材说明参见第11页
- □ 博康奇尼奶酪6块（44 g，或马苏里拉鲜奶酪⅓块）
  ★食材说明参见第13页
- □ 青橄榄（或黑橄榄）6个
  ★食材说明参见第17页

☆Tip

博康奇尼奶酪 它是马苏里拉鲜奶酪的一种，大小很适合一口吃下。如果用马苏里拉鲜奶酪代替，要切成2 cm见方的小块。

第一阶段 **准备抹酱及馅料**

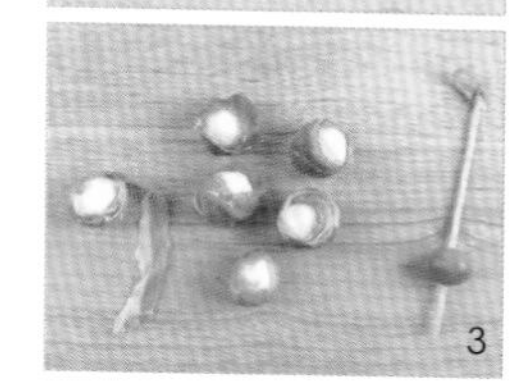

1 法棍切成厚1 cm的片。
2 在烧热的平底煎锅（或平底锅）里放入法棍，中火翻烤1分钟后备用。
3 用哈蒙火腿包住博康奇尼奶酪，橄榄用竹签穿好。用相同的方法再穿5个橄榄。

第二阶段 制作三明治

❶

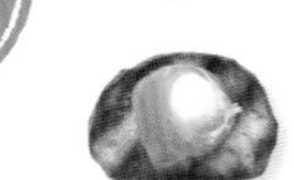

把用哈蒙火腿包住的博康奇尼奶酪放在法棍上。

❷ 搞定!

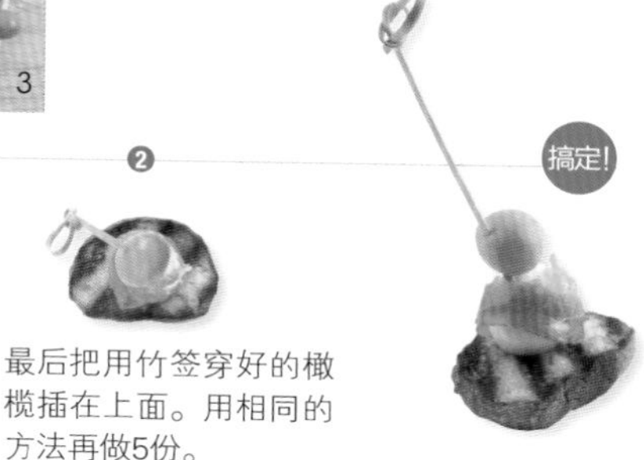

最后把用竹签穿好的橄榄插在上面。用相同的方法再做5份。

苹果帕尔玛火腿开那批

⏰ 10~15分钟
6人份

- □ 长6 cm的夏巴塔（或法棍）1根
- □ 帕尔玛火腿35 g（或可生吃的切片火腿6片）
  ★食材说明参见第11页
- □ 苹果⅓个（70 g）
- □ 芝麻菜10g（或嫩叶菜½把）
  ★食材说明参见第14页

抹酱
- □ 奶油奶酪3小勺

准备抹酱及馅料

1 夏巴塔切成厚1 cm的片，放在烧热的平底煎锅（或平底锅）上，中火翻烤40秒后备用。
2 苹果去核后切成薄片，芝麻菜加工成面包大小。
3 在一片帕尔玛火腿上放⅙的芝麻菜与苹果，然后卷好。用相同的方法再做5份。

❶

在一片夏巴塔的内侧抹上½的奶油奶酪。

❷

最后把帕尔玛火腿卷放在上面，用相同的方法再做5份。

搞定!

烟熏三文鱼慕斯普切塔

要想品尝不同风味的烟熏三文鱼，不妨试试这款三明治。把烟熏三文鱼切成碎末后与奶油奶酪搅拌均匀，做成慕斯。香酥的法棍与口感柔和的三文鱼慕斯非常相配，再加入柠檬皮调味汁和莳萝，口感非常清爽。

⏰ 20~25分钟
🥕 6人份

- □ 长6 cm的法棍1根
- □ 烟熏三文鱼3片（70 g）
- □ 洋葱⅒个（20 g）
- □ 莳萝3根（或香葱末2小勺，可省略）★食材说明参见第15页。
- □ 柠檬½个（柠檬汁1小勺+柠檬皮屑）
- □ 奶油奶酪2大勺

抹酱

- □ 蒜末½小勺
- □ 橄榄油4小勺

准备抹酱及馅料

1

法棍切成厚1 cm的片。把抹酱食材混合均匀后，在每片法棍的一面抹上⅙的抹酱。

2

在烧热的平底煎锅（或平底锅）里放入法棍，中火翻烤1分钟至焦黄后备用。

3

洋葱和2根莳萝切成碎末。留下1根莳萝备用。

4

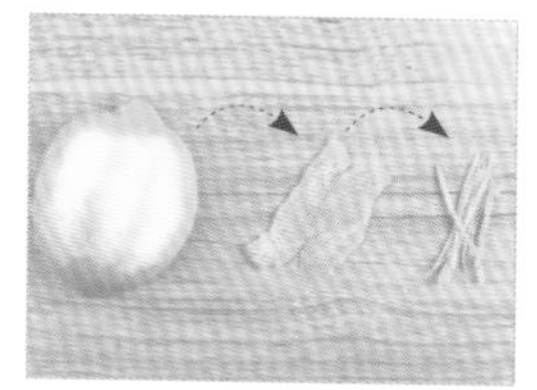

柠檬洗净后薄薄地削下柠檬皮切丝，再挤出1小勺柠檬汁备用。★柠檬皮的处理方法参见第39页的Tip。

5

烟熏三文鱼切成碎末。

6

把烟熏三文鱼、洋葱、莳萝、柠檬汁、奶油奶酪放入玻璃碗搅拌均匀，做成烟熏三文鱼慕斯。

❶ 把⅙的烟熏三文鱼慕斯放在一片抹好抹酱的法棍上。

❷ 把莳萝放在法棍上。

❸ 最后加入柠檬皮调味汁。用同样的方法再做5份。

☆Tip

用黄瓜代替面包 如果想吃清爽的三明治，可把黄瓜斜切成厚0.7 cm的片，然后把烟熏三文鱼慕斯放在黄瓜上，做好后冷藏一会儿就成了一道可口的前菜。

凤尾鱼洋葱普切塔

咸咸的腌凤尾鱼和柔和喷香的黄油真是绝配。再加上酸酸甜甜的腌制洋葱，这款三明治吃起来会更加爽口。如果不想吃太多凤尾鱼，可以根据喜好适当减少用量。

⏰ 15~20分钟
👤 6人份

- □ 长6 cm的法棍1根
- □ 紫洋葱（或白洋葱）$\frac{1}{3}$个（30 g）
- □ 腌凤尾鱼6块（12 g）★食材说明参见第17页
- □ 无盐黄油（或含盐黄油）25 g
- □ 西洋菜（或嫩叶菜）$\frac{1}{2}$把（10 g）★食材说明参见第15页
- □ 白糖$\frac{1}{2}$小勺
- □ 食盐$\frac{1}{8}$小勺
- □ 食醋1小勺

准备抹酱及馅料

1

法棍切成厚1 cm的片。

2

在烧热的平底煎锅（或平底锅）里放入法棍，中火翻烤1分钟至焦黄，关火备用。

3

紫洋葱切成细丝后用白糖、食盐和食醋腌10分钟。

4

西洋菜用流水洗净后，用漏勺沥干。

❶ 在一片法棍的一面抹上$\frac{1}{6}$的黄油。

❷ 把腌凤尾鱼放在上面。

❸ 把腌洋葱放在上面。

❹ 最后放上西洋菜，用相同的方法再做5份。

☆Tip

用途广泛的腌凤尾鱼　腌凤尾鱼是用清除鱼骨的鳀鱼科小鱼腌制的，有类似韩国鳀鱼酱的味道和香气，可以在大型超市或百货店购买。制作沙拉酱或意大利面时，加入2~3块凤尾鱼切成的碎末能起到很好的提味效果。剩下的腌凤尾鱼要放入小容器油浸保存，可密封冷藏6个月以上。

小西红柿奶酪普切塔

这是用口感柔和且香味浓郁的布拉塔奶酪和小西红柿制作的普切塔。搭配香气怡人的罗勒，是一道简单却不失优雅的美餐。

无花果酱布里奶酪吐司

布里奶酪经过烤制后会变得更加柔软，搭配香甜的无花果酱和香酥的桃仁片，会做出你梦寐以求的味道。这是一道非常不错的儿童加餐。

小西红柿奶酪普切塔

10~15分钟
6人份

- □ 长6 cm的法棍1根
- □ 布拉塔奶酪（或马苏里拉奶酪）60g
  ★食材说明参见第13页
- □ 小西红柿5~6个
- □ 罗勒叶2~3片（可省略）
  ★食材说明参见第15页

抹酱

- □ 蒜末½小勺
- □ 橄榄油4小勺

第一阶段 准备抹酱及馅料

1 法棍切成厚1 cm的片。将抹酱食材搅拌均匀，在每片法棍的一侧抹上⅙的抹酱。

2 在烧热的平底煎锅（或平底锅）里放入法棍，中火翻烤1分钟至焦黄时关火备用。

3 小西红柿切成四等份，罗勒叶切成碎末。

第二阶段 制作三明治

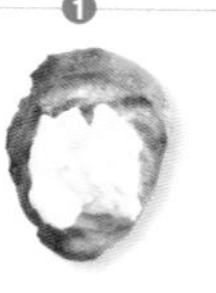

❶ 在一片法棍抹有抹酱的那面放上⅙（10 g）的布拉塔奶酪。

❷ 把小西红柿放在上面。

❸ 最后加上罗勒叶碎末。用相同的方法再做5份。

搞定!

☆Tip

布拉塔奶酪

它是一种在马苏里拉奶酪里放入浓郁奶油制作而成的柔软奶酪。外形跟马苏里拉奶酪类似，质感则跟奶油奶酪类似。布拉塔奶酪跟番茄非常相配。

无花果酱布里奶酪吐司

10~15分钟
6人份

- □ 6 cm长的法棍1根
- □ 布里奶酪（或卡芒贝奶酪）⅓个（45 g）★食材说明参见第12页
- □ 无花果酱（或苹果酱等果酱）3大勺
- □ 桃仁片1大勺

第一阶段 准备抹酱及馅料

1 烤箱预热到180℃（小烤箱为170℃）。

2 法棍切成厚1 cm的片，布里奶酪切成6等份，即一口大小。

第二阶段 制作三明治

❶ 在一片法棍的一面抹上½大勺无花果酱。

❷ 把⅙的布里奶酪放在上面。

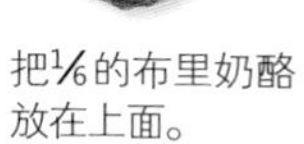

❸ 最后放上桃仁片。用相同的方法再做5份。

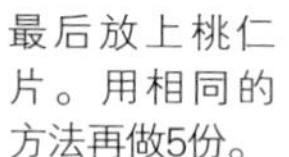

❹

搞定!

煎烤：在烤箱盘里铺一张硫酸纸，把三明治放在上面，将烤箱盘放入预热好的烤箱中层烤8分钟。

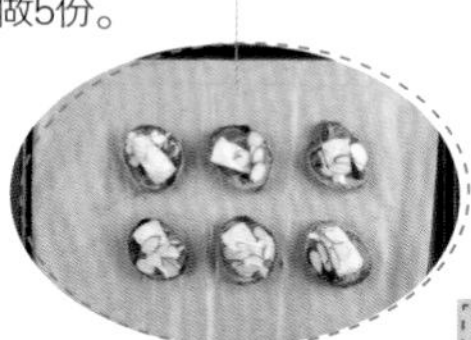

炒洋菇开那批

在炒洋菇里加入牛奶和奶酪，会使蘑菇的香味更加浓郁。喝葡萄酒或啤酒时，把炒洋菇放在烤得酥脆的夏巴塔上做成开那批，当下酒菜再完美不过了。

⏰ 15~20分钟
6人份

- □ 夏巴塔1根（或长6 cm的法棍1根）
- □ 洋菇4个（80 g）
- □ 洋葱1/4个（50 g）
- □ 帕尔玛干酪4 g（或帕尔玛干酪粉1/2大勺）★食材说明参见第13页
- □ 食用油（葡萄籽油或菜籽油）2大勺
- □ 牛奶2大勺
- □ 食盐少许
- □ 胡椒粉少许
- □ 欧芹粉少许（装饰用，可省略）

准备抹酱及馅料

1

夏巴塔切成厚1cm的片。

2

在烧热的平底煎锅（或平底锅）里放入夏巴塔，中火正反面分别煎烤40秒后备用。

3

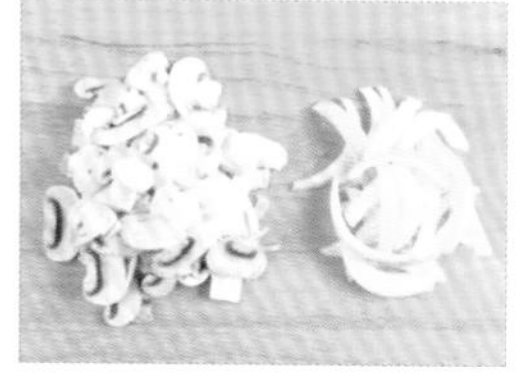

洋菇按照图中形状切成薄片，洋葱切成细丝。帕尔玛干酪用擦板擦碎或用刀切碎。

4

在烧热的平底锅中倒入少许食用油，放入洋菇和洋葱，撒上食盐和胡椒粉，中火炒5分钟。

倒入牛奶和帕尔玛干酪，继续中火炒1分钟。

❶ 在一片夏巴塔的一面放入1/6的炒蘑菇。

❷ 最后撒上欧芹粉。用相同的方法再做5份。

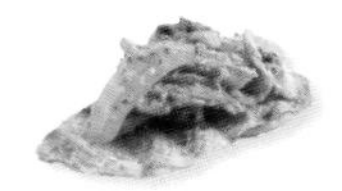

☆Tip

如果你想让蘑菇的风味发挥到极致 可以在蘑菇炒好后滴入2~3滴松露油。用法国三大珍味之一的松露泡制的高级食用油可在超市或百货店的进口商品柜台买到，也可在出售进口食材的网店买到。

奶酪球开那批

把冷冻的山羊乳干酪弄成小圆球后蘸上开心果碎末和蔓越莓干，可以直接吃，也可以放在烤好的法棍上做成开那批食用。你可以根据喜好再加入一儿点蜂蜜。

40~45分钟
6人份

- □ 长6 cm的法棍1根
- □ 山羊乳干酪（或奶油奶酪）54 g ★食材说明参见第12页
- □ 开心果（或桃仁、核桃）10~12粒（12 g）
- □ 蔓越莓干（或葡萄干）1大勺（10 g）
- □ 蜂蜜2大勺（可根据喜好加减用量）

第一阶段 准备抹酱及馅料

1

法棍切成厚1 cm的片。山羊乳干酪放在冰箱里冷冻30分钟至变硬。

2

在烧热的平底煎锅（或平底锅）里放入法棍，中火翻烤1分钟至焦黄时关火备用。

3

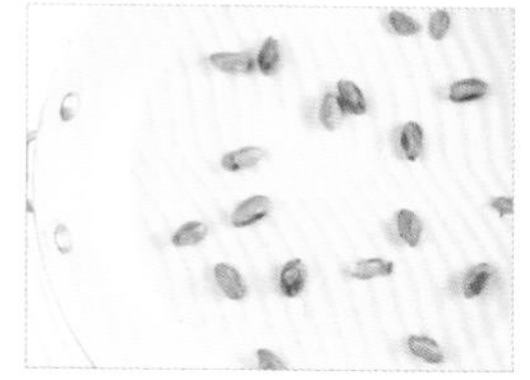

在烧热的平底锅里放入开心果，中小火炒2分钟。

4

把炒好的开心果和切碎的蔓越莓干放入平盘中混合均匀。

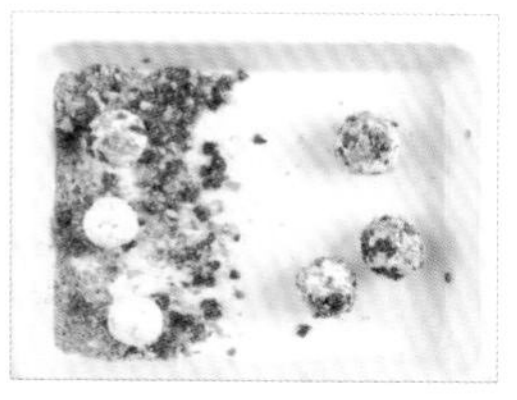

把冻好的山羊乳干酪捏成直径2 cm的小圆球。然后放入步骤4的平盘中滚一滚，使其蘸满开心果与蔓越莓干。

第二阶段 制作三明治

❶ 把奶酪球放在一片法棍上。

❷ 用勺子将奶酪球在面包上碾开。

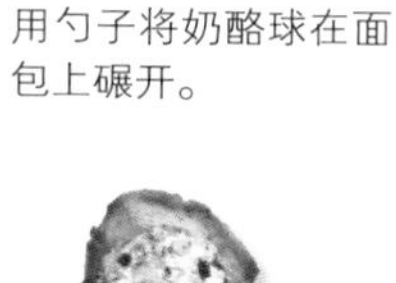

❸ 最后加点儿蜂蜜。用相同的方法再做5份。

搞定!

巴萨米克香蒜普切塔

把大蒜充分炒熟去除辣味后加入酸酸的巴萨米克香醋酱一下，连同奶酪一起放在法棍上，味道好极了。这款普切塔非常适合当作意大利面或牛排的配菜。

25~30分钟
6人份

- □ 长6 cm的法棍1根
- □ 大蒜5瓣
- □ 洋葱约⅐个（30 g）
- □ 比萨奶酪碎⅓杯（30 g）
- □ 百里香2~3根（可省略）
  ★食材说明参见第15页
- □ 巴萨米克香醋3大勺
  ★食材说明参见第16页
- □ 蜂蜜1小勺
- □ 橄榄油（或葡萄籽油）2小勺
- □ 食盐少许
- □ 胡椒粉少许

准备抹酱及馅料

1

烤箱预热到180℃（小烤箱为170℃）。法棍切成厚1 cm的片。

2

在每片法棍上放入⅙的比萨奶酪碎，然后放入预热好的烤箱中层烤8分钟。

3

每瓣大蒜切成2~3等份，洋葱切成1 cm见方的小块。

4

在烧热的小锅或小平底锅中倒入少许橄榄油，放入大蒜和洋葱后撒上食盐和胡椒粉，中火炒2.5分钟。

5

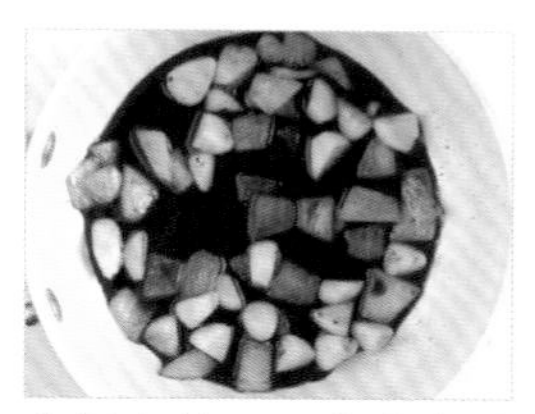

在锅中放入巴萨米克香醋、蜂蜜和食盐，大火烧开，当酱汁边缘冒泡后酱1.5分钟。关火后放入1根百里香搅拌均匀，放置10分钟备用。

第二阶段

制作三明治

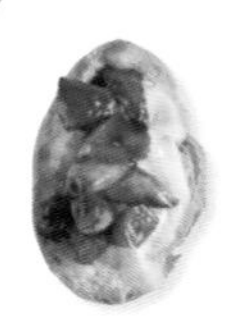

❶ 把酱好的大蒜和洋葱放在烤好的法棍上。

❷ 最后撒上百里香。用相同的方法再做5份。

烤蔬菜开放式三明治

茄子、栉瓜、彩椒等蔬菜烤一下会变得更加香甜，配上香气怡人的意大利罗勒青酱做成开放式三明治，味道清淡爽口，深受女士们的青睐。

⏰ 25~30分钟
4人份

□ 黑麦面包2片（或吐司1片）
□ 栉瓜1/5个（100 g，或西葫芦1/3个）
□ 茄子1/2个（70 g）
□ 彩椒1/2个（100 g）
□ 帕尔玛干酪16 g（或帕尔玛干酪粉2大勺）★食材说明参见第13页
□ 食用油（葡萄籽油或菜籽油）3小勺
□ 食盐1/3小勺
□ 胡椒粉少许

抹酱

□ 意大利罗勒青酱4小勺 ★食材说明参见第20页

第一阶段 准备抹酱及馅料

1

烤箱预热到180℃（小烤箱为170℃）。黑麦面包切成2等份。

2

栉瓜和茄子切成厚0.5 cm的薄片。

3

彩椒去籽后切成4等份。帕尔玛干酪用擦板擦碎或用刀切碎。

4

在烧热的平底锅里倒入2小勺食用油，放入栉瓜和茄子后撒入食盐和胡椒粉，中大火翻烤1.5分钟后盛盘。

5

在平底锅中倒入1小勺食用油，放入彩椒后撒入食盐和胡椒粉，中火翻烤3分钟。

第二阶段 制作三明治

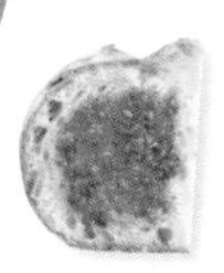

❶ 在一片黑麦面包的一面抹1小勺意大利罗勒青酱。

❷ 把烤茄子和烤栉瓜放在面包上。

❸ 把烤彩椒放在上面。

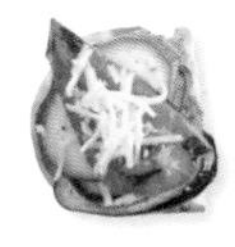

❹ 最后放上帕尔玛干酪。用相同的方法再做3份。

❺

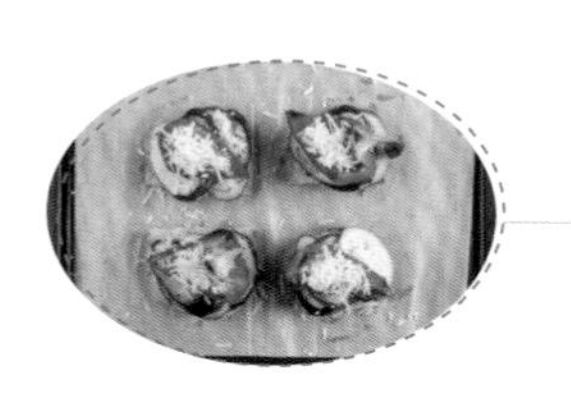

煎烤：在烤箱盘里铺一张硫酸纸，然后放入三明治。放入预热好的烤箱中层烤8分钟。

搞定！

蟹足棒鳄梨三明治

鳄梨和蟹足棒跟辣味酱汁是绝配。可以把它们放在夏巴塔片上做成开放式三明治。剩下的蟹足棒可搭配调好味的寿司用米饭食用，味道非常不错。

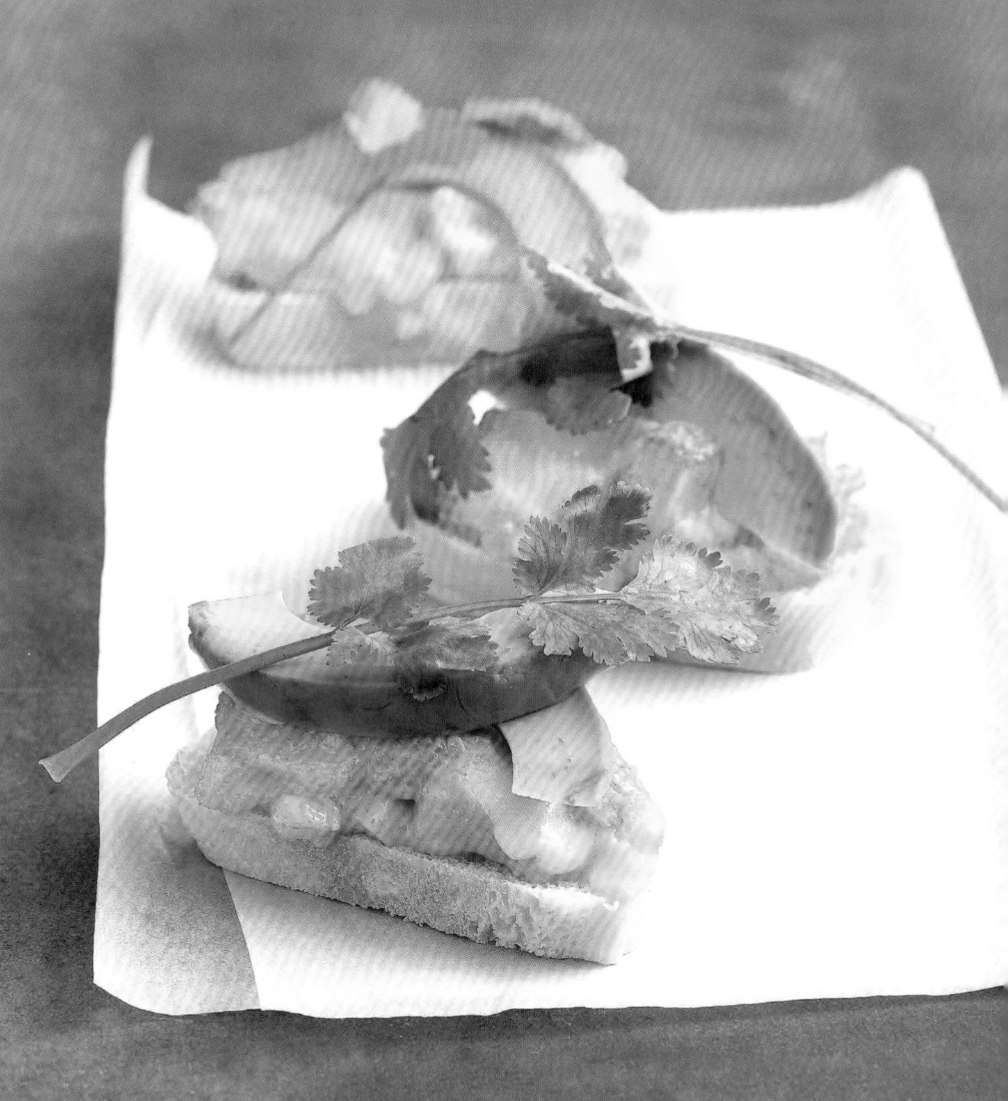

15~20分钟
4人份

- □ 长4 cm的夏巴塔1根（或吐司1片）
- □ 短蟹足棒3根（55 g）
- □ 洋葱1/10个（20 g）
- □ 鳄梨1/2个（80 g）
- □ 香菜（或嫩叶菜）少许 ★食材说明参见第15页
- □ 比萨奶酪碎1/4杯（25 g）
- □ 蛋黄酱3大勺
- □ 白糖1小勺
- □ 柠檬汁1小勺
- □ 是拉差辣椒酱（或辣椒酱、辣酱油）2小勺 ★食材说明参见第16页

第一阶段 准备抹酱及馅料

1

烤箱预热到180℃（小烤箱为170℃）。夏巴塔切成厚1 cm的片。

2

蟹足棒揪成一口大小，洋葱切成0.5 cm见方的小块。

3

把蟹足棒、洋葱、蛋黄酱、白糖、柠檬汁、是拉差辣椒酱放入碗中搅拌均匀。

4

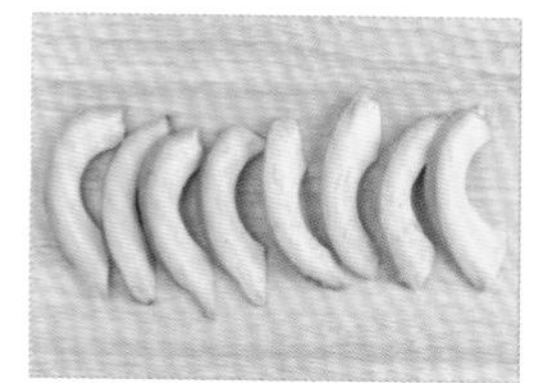

鳄梨剥皮去核，切成8等份。★鳄梨处理方法参见第29页。

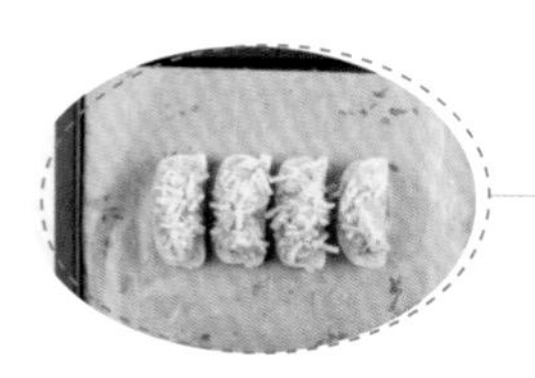

煎烤：在烤箱盘里铺一张硫酸纸，把三明治放在上面，放入预热好的烤箱中层烤8分钟。

第二阶段 制作三明治

❶ 在一片夏巴塔的一面放入1/4的蟹足棒馅料。

❷ 把1/4的比萨奶酪碎放在上面，用相同的方法再做3份。

❸

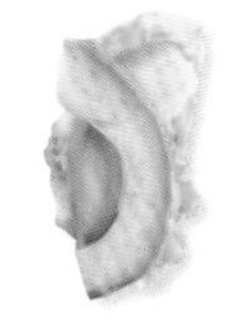

❹ 把2块鳄梨放在烤好的面包上。

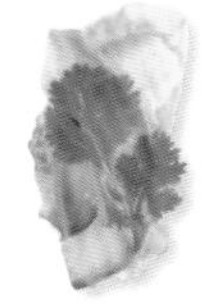

❺ 最后放上香菜。用相同的方法再做3份。

搞定!

☆Tip

鳄梨挑选方法 要挑外皮呈黑色，有光泽，且摸起来发软的熟透鳄梨。如果买到的鳄梨呈深绿色，表明还没有熟透，最好在室温下放置2~3天再食用。

奶油奶酪抹酱开那批

我们可以用大蒜、洋葱、火腿、彩椒等简单的食材做成3种口味的抹酱。把这些抹酱抹在贝果、吐司、法棍上面，就算没有其他馅料，做出的开那批也会非常好吃。

15~20分钟
奶油奶酪1桶

烤蒜奶油奶酪抹酱
- □ 大蒜5瓣
- □ 奶油奶酪1/3桶（65g）
- □ 食用油（葡萄籽油或菜籽油）1小勺

彩椒奶油奶酪抹酱
- □ 彩椒1/4个（50 g）
- □ 奶油奶酪1/3桶（65 g）
- □ 食用油（葡萄籽油或菜籽油）1小勺

炒火腿洋葱奶油奶酪抹酱
- □ 切片火腿1片（12 g）
- □ 洋葱末1/7个量（30 g）
- □ 奶油奶酪1/3桶（65 g）
- □ 食用油（葡萄籽油或菜籽油）1小勺

准备抹酱及馅料

烤蒜奶油奶酪抹酱制作方法

1

大蒜切成片。在烧热的平底锅中倒入少许食用油，放入大蒜小火烤3分钟。烤好后放在厨房纸巾上吸去油分。

2

烤蒜切成碎末。把奶油奶酪与烤蒜碎末放入碗中搅拌均匀。

彩椒奶油奶酪抹酱制作方法

1

把彩椒切成碎末。在烧热的平底锅中倒入少许食用油，放入彩椒小火炒4分钟。

2

炒好后放在厨房纸巾上吸去油分，然后跟奶油奶酪一起放入碗中搅拌均匀。

炒火腿洋葱奶油奶酪抹酱制作方法

1

火腿和洋葱切成碎末。在烧热的平底锅中倒入少许食用油，放入火腿和洋葱小火炒4分钟。

2

炒好后放在厨房纸巾上吸去油分，然后跟奶油奶酪一起放入碗中搅拌均匀。

抹抹酱前烤制面包

奶油奶酪抹酱跟贝果等口感清淡的面包和烤吐司、法棍等口感酥脆的面包非常相配。烤面包时先将平底锅（平底煎锅）烧热，然后放入面包，中火翻烤两面各1.5分钟即可。

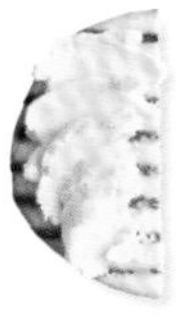

- 把烤蒜奶油奶酪抹酱抹在烤面包上。

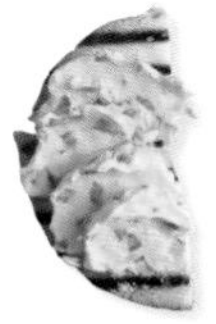

- 把彩椒奶油奶酪抹酱抹在烤面包上。

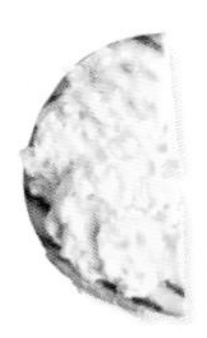

- 把炒火腿洋葱奶油奶酪抹酱抹在烤面包上。

菠萝火腿奶酪开放式三明治

菠萝经过烤制之后会变得更加香甜。把烤好的菠萝放在加有火腿和奶酪的三明治中,就着配有酸味沙拉酱的沙拉一起吃真是一种享受。快来试试这款虽然做法简单，但是外观高大上的三明治吧。

牡蛎酱炒虾仁开放式三明治

把用牡蛎酱炒制的Q弹虾仁放在筋道的法棍上做成三明治。用法棍做成一口大小的开那批也非常不错。

菠萝火腿奶酪开放式三明治

⏰ 15~20分钟
1人份

- ☐ 黑麦面包（或吐司）2片
- ☐ 切片火腿1片（12 g）
- ☐ 切片奶酪（切德干酪）1片
- ☐ 菠萝圈罐头（或新鲜的菠萝圈）2片（75 g）
- ☐ 嫩叶菜½把（10 g）
- ☐ 食用油（葡萄籽油或菜籽油）1小勺
- ☐ 白糖1小勺
- ☐ 食盐少许

酱汁

- ☐ 白糖⅔小勺
- ☐ 食醋1小勺
- ☐ 葡萄籽油（或菜籽油）½小勺
- ☐ 食盐少许

抹酱

- ☐ 蛋黄酱1大勺

第一阶段 **准备抹酱及馅料**

1 在烧热的平底锅中放入黑麦面包，中小火两面分别烤1.5分钟后备用。

2 在烧热的平底锅中倒入少许食用油，放入菠萝圈，撒上白糖和食盐后中火煎2分钟，翻面后继续煎1分钟。

3 把酱汁食材放入碗中搅拌均匀。

❶ 在每片黑麦面包的一面抹上½大勺蛋黄酱。

❷ 把切片奶酪放在一片面包上。

❸ 把另一片面包放在上面，此时抹蛋黄酱的那一面朝上。

❹ 把切片火腿与菠萝圈放在上面。

❺ 最后放上嫩叶菜，淋入酱汁。

搞定!

牡蛎酱炒虾仁开放式三明治

⏰ 15~20分钟
2人份

- ☐ 长10 cm的法棍1根
- ☐ 冷冻生虾仁6只（80 g）
- ☐ 甜椒½个（50 g）
- ☐ 大蒜3瓣
- ☐ 蛋黄酱1小勺
- ☐ 食用油（葡萄籽油或菜籽油）2小勺

调味料

- ☐ 水2大勺
- ☐ 白糖2小勺
- ☐ 牡蛎酱4小勺
- ☐ 胡椒粉少许

第一阶段 **准备抹酱及馅料**

1 法棍纵向切成两半，放入烧热的平底煎锅（或平底锅），中火两面各烤40秒后备用。

2 冷冻生虾仁用淡盐水（水2杯+食盐½小勺）浸泡10分钟解冻，然后用流水冲洗。甜椒切成厚0.5 cm的粗丝，大蒜切片。把调味料食材搅拌均匀。

3 在烧热的平底锅中倒入少许食用油，放入虾仁和甜椒中火炒2分钟后放入大蒜继续炒1分钟。最后放入调味料再炒1分钟。

第二阶段 制作三明治

❶ 在一片法棍上放入½的炒虾仁、甜椒、大蒜。

❷ 最后加入½小勺的蛋黄酱。用相同的方法再做1份。

肉酱奶酪焗烤开放式三明治

肉酱是大人和孩子都非常喜欢吃的食物。把足量的肉酱与奶酪放在面包上一烤，就会成为男女老少皆爱的美食。

15~20分钟
1人份

- □ 夏巴塔（或迷你法棍）1根
- □ 牛肉末80 g
- □ 洋葱⅓个（30 g）
- □ 大蒜2瓣（或蒜末1大勺）
- □ 比萨奶酪碎½杯（50 g）
- □ 帕尔玛干酪10 g（或帕尔玛干酪粉1¼大勺）★食材说明参见第13页
- □ 意大利面番茄酱5大勺
- □ 牛奶2大勺
- □ 食用油（葡萄籽油或菜籽油）1大勺
- □ 食盐少许
- □ 胡椒粉少许
- □ 欧芹粉少许（装饰用，可省略）

第一阶段 准备抹酱及馅料

1

烤箱预热到180℃（小烤箱为170℃）。从上面将夏巴塔的内芯抠出。

2

洋葱和大蒜切成碎末。

3

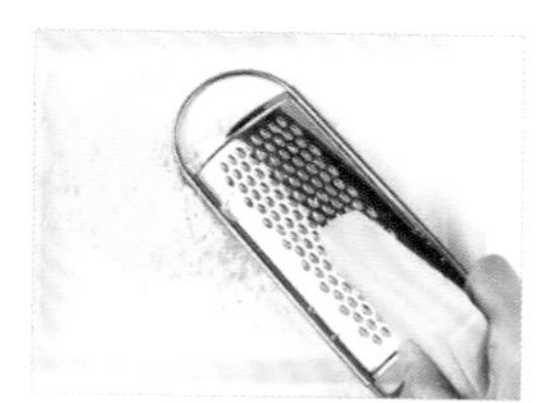

帕尔玛干酪用擦板擦碎或用刀切碎。

4

在烧热的平底锅中倒入少许食用油，放入牛肉末、大蒜和洋葱，撒上食盐和胡椒粉，中火炒1.5分钟至褐色。

5

在平底锅中倒入意大利面番茄酱和牛奶，中小火继续炒1.5分钟做成肉酱。

第二阶段 制作三明治

❶ 把肉酱放在夏巴塔上。

❷ 把比萨奶酪碎放在上面。

❸ 最后放入帕尔玛干酪。

❹ **煎烤：**在烤箱盘里铺一张硫酸纸，然后放入三明治。放入预热好的烤箱中层烤8分钟。可根据个人喜好撒上欧芹粉。

搞定!

☆Tip

用平底锅代替烤箱时 完成煎烤之前的3步后将三明治放入平底锅，盖上盖子小火煎3分钟，使奶酪熔化。也可以把夏巴塔分成两半，在一片面包上放入肉酱、比萨奶酪碎、帕尔玛干酪等，用另外一片面包盖住，用烧热的平底煎锅煎烤后食用。

鸡蛋烟熏三文鱼开放式三明治

油香芬芳的柔软佛卡夏配上荷包蛋和烟熏三文鱼，能做出口感清淡却很有腹饱感的三明治。

⏰ 15~20分钟
🥕 1人份

- □ 佛卡夏1个（或贝果，夏巴塔$\frac{1}{2}$个）
  ★食材说明参见第9页
- □ 烟熏三文鱼2片（40 g）
- □ 鸡蛋1个
- □ 芝麻菜15 g
  ★食材说明参见第14页
- □ 紫洋葱（或白洋葱）$\frac{1}{20}$个（10 g）
- □ 柠檬1块（可省略）
- □ 橄榄油1小勺
- □ 食盐少许
- □ 胡椒粉少许

抹酱

- □ 奶油奶酪4小勺

准备抹酱及馅料

1

佛卡夏切成2等份。

2
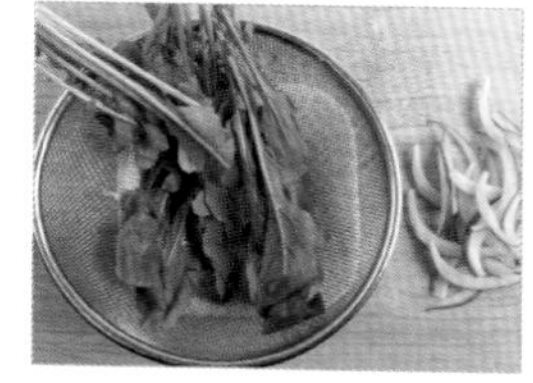
芝麻菜用流水洗净后，用漏勺沥干。紫洋葱切成细丝。

3
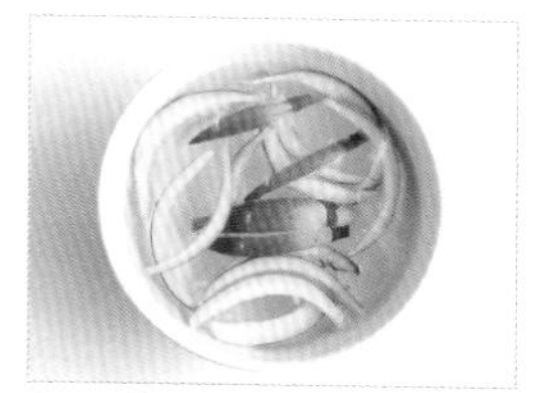
把切好的洋葱丝浸泡在凉水里清除辣味后，用漏勺沥干。

4

在烟熏三文鱼上淋入柠檬汁。

5

在锅里倒入清水（4杯），小火烧开。在汤勺内侧抹上$\frac{1}{3}$小勺食用油，然后打入一个鸡蛋。使汤勺底部接触开水，手扶汤勺手柄加热3分钟。★此时要用小火，以免水开得太旺。

6

蛋白七八成熟时把汤勺全部放进水中继续煮2分钟。用匙子伸入荷包蛋和汤勺间取出荷包蛋，注意防止蛋黄溢出。

制作三明治

❶ 把奶油奶酪抹在佛卡夏上。

❷ 把芝麻菜放在上面。

❸ 把烟熏三文鱼片放在上面。

❹ 把鸡蛋放在上面。

❺ 最后放上洋葱、橄榄油、食盐和胡椒粉。

比萨派对面包

在大大的面包上切出格子形刀口后，放入各种食材和足量的奶酪进行烤制。这道美食非常适合开派对时和大家一起分享。

20~25分钟
3~4人份

- □ 圆形黑麦面包（直径25 cm）1个
- □ 洋葱⅓个（70 g）
- □ 切片火腿3片（36 g）
- □ 玉米罐头2大勺（20 g）
- □ 青橄榄5个（20 g）
  ★食材说明参见第17页
- □ 意大利面番茄酱10大勺
- □ 比萨奶酪碎⅔杯（65 g）
- □ 食用油（葡萄籽油或菜籽油）2小勺
- □ 欧芹粉少许（装饰用，可省略）

准备抹酱及馅料

1

烤箱预热到180℃（小烤箱为170℃）。在圆形黑麦面包上面切出⅔深的格子形刀口。

2

洋葱切成厚0.5 cm的细丝，火腿片切成宽0.5 cm的条。玉米用漏勺沥干，青橄榄切成圈。

3

在烧热的平底锅中倒入少许食用油，放入洋葱，中小火炒1.5分钟。

4

放入火腿、玉米、青橄榄和意大利面番茄酱，用中小火炒1.5分钟后备用。

5

把炒好的食材塞入面包的切口。

❶ 把比萨奶酪碎洒在面包上。

❷ 煎烤：在烤箱盘里铺一张硫酸纸，然后放入三明治。放入预热好的烤箱中层烤8分钟。可根据喜好撒上欧芹粉。

☆Tip

能否使用其他面包？ 如果买不到圆形黑麦面包，可以用法棍或吐司代替。把用意大利面番茄酱炒好的食材放在切有格子形刀口的法棍或吐司上，然后撒上比萨奶酪碎，用同样的方法放进烤箱烤制即可。

虽然不太健康，但让我们欲罢不能的

高热量超解馋
炮弹三明治

你有没有边吃高热量美食边懊悔的经历？不过当你美美地咬上一大口，负罪感立即被抛到了九霄云外，因为它实在是太好吃了！减肥明天再说吧，今天先过把瘾！

为蓝纹奶酪疯狂的人们请看这里

蓝纹奶酪与炸薯条汉堡包

我非常喜欢吃蓝纹奶酪，无论是喝葡萄酒还是吃面包，甚至做沙拉酱或吃香草冰淇淋的时候都会配上一点儿。有一天，我用蓝纹奶酪做成了汉堡包抹酱，我特意约了朋友来一起分享。那位朋友平时非常喜欢吃我做的东西，于是满怀期望地咬了一口。糟糕！朋友的反应出乎我的意料。“啊！这是什么呀？难闻，味道也好奇怪！这究竟是用什么做的？”于是我详细为她介绍了蓝纹奶酪，然后在她的汉堡包里加了点儿蜂蜜。“这还差不多。”朋友重新开始吃了起来。她边吃边说：“这味道还挺让人上瘾。”说着说着就把一个大汉堡包吃光了，并用炸薯条蘸着蓝纹奶酪吃了起来。我一边想那位朋友一边做了这款配有炸薯条和足量蓝纹奶酪的大汉堡包。

30~35分钟

1人份

- □ 汉堡包面包1个
- □ 土豆约⅔个（170 g）
- □ 切片火腿3片（36 g）
- □ 淀粉1大勺
- □ 室温黄油4小勺
- □ 食用油4杯

蓝纹奶酪抹酱

- □ 蓝纹奶酪40 g
  ★食材说明参见第13页
- □ 牛奶½大勺
- □ 寡糖2小勺

1

把抹酱食材放入小碗搅拌均匀。

2

在汉堡包面包的内侧分别抹上2小勺黄油，然后放入烧热的平底锅小火煎1.5分钟后备用。

3

土豆切成厚0.7 cm的条，然后加入淀粉搅拌均匀。
★ 剩下的炸薯条可配着三明治吃。

4

锅中倒入食用油，当油温达到180℃时放入土豆条炸10分钟至泛黄时捞出，放在厨房纸巾上吸去多余油分。在汉堡包面包内侧分别抹上½的抹酱，然后像上页的图片一样放上各种食材。★废油处理方法参见第29页。

比比谁放得更多，把自己喜欢的食材全部放进去

极品火腿奶酪塔三明治

25~30分钟
1人份

- □ 夏巴塔1根（或厚吐司2片）
- □ 培根½条（18g）
- □ 饱满的佛兰克香肠1根（70 g）
- □ 切片火腿2片（24 g）
- □ 鸡蛋1个
- □ 切片奶酪（切德干酪或埃丹干酪）1片
- □ 番茄2片
- □ 鳄梨¼个（40 g）
- □ 圆生菜（或生菜）1~2片（20 g）
- □ 红生菜2片
- □ 室温黄油4小勺
- □ 食用油（葡萄籽油或菜籽油）2小勺

蔬菜粉色蛋黄抹酱

- □ 蔬菜酱（酸黄瓜碎）2大勺
  ★食材说明参见第16页
- □ 番茄酱2大勺
- □ 蛋黄酱4大勺

1

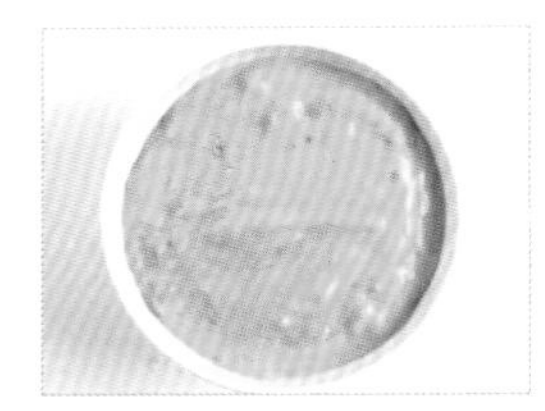

把抹酱食材放入小碗搅拌均匀。

2

夏巴塔水平切成两半，分别在内侧抹上2小勺黄油。放入烧热的锅里，中小火翻烤1.5分钟后备用。

3

生菜和红生菜用凉水洗净后用漏勺沥干。

记得在美国上学时，有天早晨我在一家快餐店点了一个火腿三明治，等餐的时候来了一个比我壮实两倍的男孩子，他说要买一个放培根、香肠、火腿、两种奶酪、鳄梨等所有食材的三明治。我心里暗自吃惊，不可思议的是店家居然真的做出了这种三明治。我心想："难怪他那么壮，他点的三明治看起来真好吃"。我一边回想当年的往事，一边做出了极品火腿奶酪塔三明治。

4

番茄和鳄梨切成宽0.5 cm的条，培根切成2等份，佛兰克香肠斜切成长条。
★鳄梨的处理方法参见第29页。

5

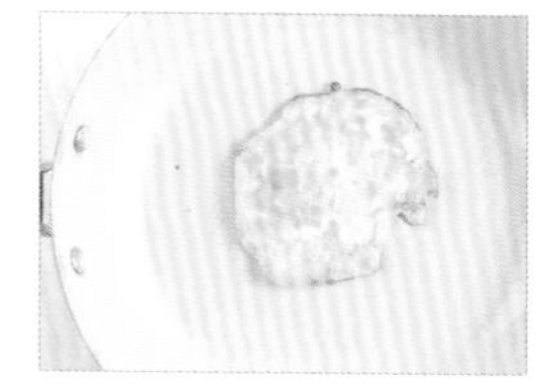

在烧热的平底锅中倒入少许食用油，打入一个鸡蛋，中火煎1.5分钟，翻面继续煎1.5分钟后备用。

6

在平底锅中放入培根和香肠，中火翻烤3分钟，然后放在厨房纸巾上吸去多余油分。分别在夏巴塔内侧抹上½的抹酱，最后像上面的大图那样放上各种食材。

特别想吃油腻的食物时

培根肉饼花生酱汉堡包

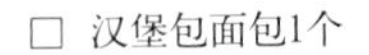

30~35分钟

1人份

- □ 汉堡包面包1个
- □ 牛肉馅180 g
- □ 培根4条（48 g）
- □ 洋葱圈½个的量（100 g）
- □ 番茄2片
- □ 花生酱2大勺
- □ 室温黄油4小勺
- □ 食用油（葡萄籽油或菜籽油）4小勺
- □ 食盐½小勺
- □ 胡椒粉少许

1

分别在汉堡包面包内侧抹上2小勺黄油，然后放入烧热的平底锅，中小火烤1.5分钟后备用。

2

番茄和洋葱切成厚0.8 cm的片。

3

把牛肉馅搅拌上劲后分成2等份，做成比面包直径大1 cm左右的圆饼。肉饼的四周用培根裹住，然后撒上食盐（¼小勺）和胡椒粉。

在烹饪学校学习时，看过介绍美国汉堡包的视频，其中最让人难忘的就是黄油汉堡包。把刚煎好的肉饼放在汉堡包面包上，然后抹上足足4大勺的黄油。吃的时候黄油会沿着手臂流下来，那真是抹不去的回忆。也许吃这种汉堡包会让人长胖，但香香的黄油和肉饼混合的味道肯定是无与伦比的！我一边回想那个汉堡包的做法，一边备足了花生酱。然后用跟花生酱非常相配的培根包裹住肉饼。味道如何？那得亲口尝了再说！！那份滋润香浓的味道啊！！！

4

在烧热的平底锅中倒入2小勺食用油，放入洋葱后撒上食盐（¼小勺）和胡椒粉，中小火边翻边煎3分钟。

5

在烧热的平底锅中倒入2小勺食用油，放入肉饼，中小火煎4分钟，然后翻面继续煎4分钟。

★如果煎制过程中觉得食用油不够可以边续油边煎制。

6

分别在两片煎好的肉饼上抹上1大勺花生酱，使之稍微熔化。最后把番茄、洋葱、肉饼依次放在一片面包上，用另外一片面包盖住。

肉就得有嚼头!

香辣牛排三明治

烹饪学校的一楼有一家非常著名的牛排西餐厅。有一天我们上完甜点课，饥肠辘辘地走进了那家店，点了一份既可以充饥又能下酒的牛排汉堡包。我充满期待地等着汉堡包，可是端上桌的时候我失望极了，汉堡包里只有婴儿手指大小的三块牛排。对于饥肠辘辘的我来说，看到那么小的牛排，实在是欲哭无泪。我一边回忆当时那份委屈和遗憾，一边备足原料做出来了这款牛排汉堡包。既然是牛排汉堡包，怎么也得多放些牛排吧。

25~30分钟
1人份

- □ 黑麦面包（或吐司）2片
- □ 牛里脊肉150 g
- □ 切片奶酪（艾丹干酪或切德干酪）1片
- □ 比萨奶酪碎30 g（或切成丝的切片奶酪2片）
- □ 洋葱圈½个的量（100 g）
- □ 芥菜2~3片（13 g，或圆生菜1片）
- □ 辣椒面（或细辣椒面）⅛小勺★食材说明参见第16页
- □ 食用油（葡萄籽油或菜籽油）3小勺
- □ 食盐⅕小勺
- □ 胡椒粉少许

香辣粉色蛋黄抹酱

- □ 番茄酱1大勺
- □ 蛋黄酱2大勺
- □ 辣椒面（或细辣椒粉）¼小勺

★食材说明参见第16页

1

把抹酱食材放入小碗搅拌均匀。洋葱切成厚1 cm的圈。芥菜用凉水洗净后放在漏勺上沥干。

2

在烧热的平底煎锅（或平底锅）里放入面包，中火两面各煎1分钟至焦黄后关火备用。

3

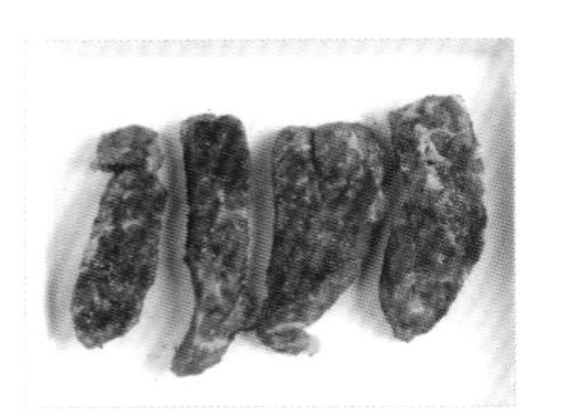

牛里脊肉切成宽1cm的长条，撒上辣椒面、食盐（⅕小勺）和胡椒粉腌制。

4

在烧热的平底锅中倒入1小勺食用油，放入洋葱后撒上少许食盐和胡椒粉，中小火翻烤3分钟。

5

在烧热的平底锅中倒入2小勺食用油，放入牛肉，中火煎2分钟，翻面继续煎1分钟后关火。

6

把切片奶酪和比萨奶酪碎放在热牛肉上，使之微微熔化。在每片吐司的一面抹上½的抹酱，最后像上面的大图那样放入各种食材。

샌드위치가 필요한 모든 순간, 나만의 브런치가 완성되는 순간 © 2013 by Eun kyung Ji
Translation rights arranged by Recipe Factory
through Shinwon Agency Co., Korea
All rights reserved
Simplified Chinese translation copyright © 2021 by Beijing Science and Technology Publishing Co., Ltd.

著作权合同登记号 图字：01-2014-3514

图书在版编目（CIP）数据

一个人也要认真吃的三明治 /（韩）池银暻著；（韩）尹景美摄；卢珍译. —北京：北京科学技术出版社，2021.5

ISBN 978-7-5714-0168-9

Ⅰ. ①一… Ⅱ. ①池… ②尹… ③卢… Ⅲ. ①西式菜肴－预制食品－制作 Ⅳ. ① TS972.158

中国版本图书馆 CIP 数据核字（2019）第 036488 号

策划编辑：刘珊珊
责任编辑：向　静
封面设计：刘利权
图文制作：胡嫄儿
责任印制：李　茗
出 版 人：曾庆宇
出版发行：北京科学技术出版社
社　　址：北京西直门南大街 16 号
邮政编码：100035
ISBN 978-7-5714-0168-9

电　　话：0086-10-66135495（总编室）
0086-10-66113227（发行部）
网　　址：www.bkydw.cn
印　　刷：北京宝隆世纪印刷股份有限公司
开　　本：720mm × 1000mm　1/16
字　　数：122 千字
印　　张：9.5
版　　次：2021 年 5 月第 1 版
印　　次：2021 年 5 月第 1 次印刷

定　　价：49.80 元

京科版图书，版权所有，侵权必究。
京科版图书，印装差错，负责退换。